吉娃娃犬

天之娇子

顾问 罗文广 何光荣
主编 王 晓

陕西科学技术出版社

图书在版编目（CIP）数据

吉娃娃犬/王晓主编．—西安：陕西科学技术出版社，2008.8(2009.4重印)
 ISBN 978-7-5369-4347-6

Ⅰ．吉…　Ⅱ．王…　Ⅲ．犬—驯养　Ⅳ．S829.2

中国版本图书馆 CIP 数据核字（2008）第 051142 号

内容简介

这本《吉娃娃犬》单犬种全彩专辑，汇集了世界各吉娃娃犬俱乐部（协会）研究成果及资料文献，汇集了国内外著名专业犬舍的饲养管理实践经验，从吉娃娃犬的起源发展、公认犬种标准、赛场展示、选购饲养、训练管理、选种繁育、常见疾病防治等方面进行了详细介绍，并配以大量高质量图片予以对照说明，知识专业，内容丰富，通俗易懂，极具实用性、科学性及权威性。

出版者	陕西科学技术出版社
	西安北大街 131 号　邮编 710003
	电话(029)87211894　传真(029)87218236
	http://www.snstp.com
发行者	陕西科学技术出版社
	电话(029)87212206　87260001
印　刷	陕西金和印务有限公司
规　格	880mm×1230mm　大 32 开本
印　张	4
字　数	115 千字
版　次	2008 年 8 月第 1 版
	2009 年 4 月第 3 次印刷
定　价	25.00 元

天之娇子——吉娃娃犬

它气质优雅、个性机警、动作敏捷,有着超级迷你的身材,立着一对大耳朵,歪着圆圆的脑袋,一双忽闪忽闪的大眼睛在一个不起眼的角落好奇地注视着你,它就是天之娇子——吉娃娃犬。

虽然三千年前的考古文物证明吉娃娃可能源自埃及,但这种美国养犬俱乐部(AKC)记录中最小的狗狗在墨西哥却已经有一千多年的历史了。直到1850年,美国的观光客才将吉娃娃犬带至美洲大陆。经过百余年的发展,现在这一犬种已风靡全球。

在日本,有一只叫"KU"的吉娃娃小姐曾一度成为最红的狗明星。"KU"小姐在为一家消费金融公司拍摄系列广告片之后,顿时大红大紫,热心人士随后为"KU"小姐举办了签名握手会,推出了写真集,然后又推出了史无前例的CD作品《一直在一起——献给狗和人》,这一系列活动后,让所有吉娃娃犬的身价一夜之间飙涨,一时间吉娃娃犬竟供不应求。

在韩国,不少人迷上了超小型的东西,有社会专家把这个现象称为"迷你狂热症候群"。而体重超轻,小得能放进衣服口袋里的吉娃娃犬则更成为了韩国年轻人的宝贝。

在我国,吉娃娃犬的身价虽然不是特别高,但是因其管理简便、超级可爱而拥有大量的"粉丝"。许多爱狗的上班一族都喜欢养一只在家里,下班时便可和狗狗一起嬉戏了;而老年夫妇更是乐意将这"开心果"随时带在身边。目前,我国吉娃娃犬在普通民众中拥有的绝对数量在所有犬种中位列前茅。

吉娃娃犬之所以在全世界受到人们的欢迎,是因为它具有其他犬种无可替代的魅力。吉娃娃犬的远祖有着许多的传奇故事,也许正是这些经历赋予了它从远古带来的灵性——聪明、自信、活泼、好奇心强。

吉娃娃犬有着很强的悟性,它会时常注视着主人,似乎要看懂主人的心思:当主人心情愉悦时,它会在主人怀里撒娇或在屋子里快活地奔跑;当主人工作时,它会趴在角落里独自休息。吉娃娃犬似乎永远不会疲倦,它总是好奇地打量着一切,不停地探索,总想把这个世界看个清清楚楚、明明白白。

吉娃娃犬从不觉得自己渺小,它有着超凡的自信与勇敢。当一个体积比它庞大几十倍的狗只闯入它的地盘时,它也会毫不畏惧地站出来维护主人及自己的权利。在任何时候,任何人面前,它都会大胆地表达自己的主张,真诚直率的性格让它纯静的眼里容不下半粒沙子。

吉娃娃犬自尊心极强,忠贞不移,是很专情的家庭宠物。它们喜欢和自家人在一起,不太喜欢和别的狗狗一起玩耍。如果主人将注意力转向家庭成员之外的人,它们还会生气吃醋呢。无论在哪里,它们都希望成为主人注目的焦点。

"浓缩的都是精华",吉娃娃犬浓缩了太多的可爱之处,喜欢它的人们总能找出不同的理由!为了让我们做一个负责任的饲主,为了我们的爱,我们再次出版了这本全新的《吉娃娃犬》单犬种专辑,希望这本书能给广大吉娃娃犬迷朋友们提供一些指导和帮助,将这一优秀的犬种发扬光大!

何光荣

目 录

吉娃娃犬的起源与发展
吉娃娃犬的起源 002
吉娃娃犬的发展 004
吉娃娃犬的传说 006
吉娃娃犬的超人气魅力 007
    体型娇小可爱 007
    个性开朗活泼易教导 008
    易相处的伴玩犬 008
    可以客串看门狗 009
    梳理比较简单 009
    每天散步可消除压力 010

吉娃娃犬犬种标准
整体外貌 012
大小、比例和结构 012
头部 013
颈部、背线和躯干 014
前躯 014
后躯 014
被毛 015
颜色 016
步态 016
性情 016
失格条件 016

吉娃娃犬的评审图解
骨骼图解 018

头部图解 018
耳部图解 018
颈部图解 019
肩部图解 019
胸部图解 019
前躯图解 020
后躯图解 020
前肢图解 021
后肢图解 021
臀部图解 021
尾部图解 022
步态图解 022

吉娃娃犬的参展
犬展的分类 024
　西敏寺犬展 024
　克鲁夫特犬展 024
　意大利米兰犬展 025
　国内犬展 025
犬展分组方法 026
裁判审查方法 027
参展前的准备 027
　参展前的修饰 027
　赛前注意事项 027
参展前的训练 028
　定姿训练 028
　步态训练 029
赛场展示技巧 029
　定姿技巧 030
　I字形牵走技巧 030
　三角形牵走技巧 031
　圆形牵走技巧 032
指导手的赛场礼仪 033
指导手的着装 034

BIS的六大要素 035
　接近犬种标准 035
　科学的培养管理 035
　系统全面的训练 036
　精心的参赛美容 037
　比赛的人文环境 037
　赛场的临场发挥 038

吉娃娃犬的选购
在信誉好的宠物店购买 040
去专业的繁殖者处选购 040
注意血统，查清血统渊源 041
选购时健康检查 042
品质选择 043
国内吉娃娃犬的发展现状及前景 045

吉娃娃犬的成长管理
刚进家门的准备 048
　准备狗笼 048
　准备食器和便器 048
　准备御寒的电暖器 049
　选择合适的地板 049
　带回时尽量消除其紧张感 049
　初入家门的特别照料 050
吉娃娃犬的成长过程 050
　出生时 050
　60~90天 051
　90天至6个月 051
　6个月至2岁 051
幼年期的管理（60~90天）

突然改变饮食会影响幼犬健康 052
适当控制幼犬的饮食量 052
正确的饮食要诀 052
狗狗成长速度很快 053
精力旺盛好奇心强 053
教导幼犬认识人类社会的常规 054
给狗狗身心健全的生活 054
及时注射疫苗 055
血统证明书是狗狗的身份证明 056

少年期的管理（90天至6个月）

生理发展变化 056
寒冷季节注意保温 057
炎热季节注意防暑 057
常换洗睡觉用的毛巾 057
吉娃娃犬的营养标准 058
饲喂专用犬粮 059
仔细观察狗狗的饮食 059
喝水是狗狗维系生命的重要环节 060
有些食物会危及狗的健康 060
常带狗儿外出散步 061
4个月大以后再带出去散步的理由 061
6个月大以后套上牵绳运动 061

青年期的管理（6~18个月）

心理与生理渐趋成熟 062
不用于繁殖时做绝育手术 063
喂以营养均衡的干燥型狗粮 063
散步不要用力拉扯狗狗 065
游戏或运动可消除压力 065

老年期的管理 065

饮食以高蛋白低热量为主 065
仍需适度的散步 066
需定期做健康检查 066

吉娃娃犬的训练

训练的基本方法 068

训练的基本要领 069

诱导 069
强迫 069
禁止 070
奖励 070

训练的要诀 071

多加赞美适度惩罚 071
斥责与褒奖都应当场进行 071
口令与动作配合一致 071
训练中态度要统一 072

幼犬的基本训练 072

增加体质 072
适应环境 073
兴奋性培养 073
过来训练 073
进狗屋训练 074
入厕训练 076
利用喂食训练服从性 076
坐下训练 077

等一下训练 077
散步训练 078
独自看家训练 079
及时纠正狗狗的坏习惯 079

吉娃娃犬的日常护理

时常刷毛 084
长毛吉娃娃犬毛结的处理 086
每月清除耳垢 087
下垂耳的矫正 087
注意清洁眼睛 088
每天坚持刷牙 089
定期修剪趾甲 089
定期修剪杂毛 089
　剪刀的用法 089
　修剪胡须 090
　修剪脚底的毛 090
　修剪肛门附近的毛 090
省时省力的洗涤方法 091

吉娃娃犬的繁殖

吉娃娃犬的繁殖方法 096
母犬的发情征候 096
母犬发情后的管理 097
物色健壮且品质纯正的配种犬 098
交配适期 099
交配前的防虫措施 099
交配前的准备 100
妊娠 100
　怀孕过程 100

妊娠诊断 101
怀孕期的特殊照顾 102
产前征兆 102
产前准备 103
人工助产 103
难产及异常生产的处置 105
产后母犬的护理 106
初生仔犬的管理 106
帮助仔犬哺乳 107
母乳不足的处理 107
断乳前的管理 108

吉娃娃犬常见疾病与防治

及时发现狗狗的异常情况 110
通过观察粪便了解其健康状况 110
根据症状了解狗狗的病情 111
注意小狗的安全 111
准备好急救品以防意外 112
掌握常见的急救处理方法 112
吉娃娃犬的常见疾病 113

优秀吉娃娃犬鉴赏 117

吉娃娃犬的起源与发展

关于吉娃娃的起源至今仍蒙着一层神秘的面纱,其原产地应是墨西哥城附近的"奇瓦瓦州",吉娃娃这个名字就是从这个州的名字演化而来。

吉娃娃犬的起源

在公元 9 世纪时托尔提克人已经在现在的墨西哥出现了,在长达几个世纪里,他们养了一种叫"提吉吉"的小犬。这种犬很小,但有着结实的骨骼,被毛很长,它最大的特点是不会叫。

提吉吉犬在中美洲土生土长,是现在吉娃娃犬的祖先。文献中没有公元 9 世纪以前关于提吉吉犬的记载,但它的祖先似乎早于玛雅部落的出现,玛雅部落出现于公元 5 世纪。

证明提吉吉犬是托尔提克人培育的证据是那些刻在石头上的画,这些石头是在休兆西高的修道院发现的。这个修道院是修士们在 1530 年修建的,所用的材料来自于托尔提克人修建的金字塔。石刻上的犬与今天的吉娃娃犬非常相似。同时发现的还有金字塔的遗迹和一些提吉吉犬存在于遥远的犹卡塔州的证据。

托尔提克文明的中心在土拉,离现在的墨西哥城很近,在那里发现了这个古老民族的大量遗迹。有关吉娃娃犬起源的推测也依据于此。1850

吉娃娃来源于一种叫"提吉吉"的小犬

年,在靠近 Casas Grandes 的古老废墟中发现了这种犬的遗迹,这些废墟据说是 Montezuma 皇帝一世的宫殿。

有一位叫 K·de 布林德的墨西哥学者,历时几年的时间骑马穿越墨西哥,他认为吉娃娃犬是提吉吉犬和一种小型无毛犬杂交的后代。这种小犬从亚洲穿越现在的白令海峡到达阿拉斯加,与在中国的一种无毛小犬很相似,吉娃娃犬的身材比提吉吉犬小正是由于有这种小犬的血统。

托尔提克人的统治者阿兹特克人的文明早于汗纳多·科特斯文明,兴盛了几个世纪,文明程度非常高而且十分富有。吉娃娃是富人们宠爱的对象,蓝色的吉娃娃犬被视为神圣的犬,是神派来的使者;而红色品种的则是献给神的活祭品,之所以如此认为是因为与人类骨骸一起被发掘的犬骨都是红色品种的吉娃娃。但普通人却认为这种犬毫无用处,甚至还有传说,说有人吃这种犬。

公元 1519～1520 年,墨西哥发生巨变,阿兹特克人的文明和财富所剩无几。蒙太祖玛皇族的财产也没有了,他们的犬也因此消失了几个世纪。

提吉吉犬的故乡在墨西哥,但哥伦布在写给西班牙皇帝的信中是这样描述该犬的:这是一种家养的小犬,不会叫。哥伦布是在古巴岛上发现这种犬的,但哥伦布提及的该犬是不是提吉吉犬,让人感到迷惑,这种犬从未被阿兹特克人带到古巴岛,因为他们从不航海。

关于吉娃娃犬祖先的传说很多。它被描述成为一种广受欢迎的宠物,在古老的托尔提克人和阿兹特克人的部落,这种犬还有宗教意义。这种现象与阿兹特克人赋予这种犬宗教意义有关,在祭奠仪式上,犬与人的身体一起焚烧,据说这样人的罪过就可以转移到犬身上,神对有罪人的愤怒也转移到犬身上。

吉娃娃犬的发展

现代吉娃娃犬与其祖先有很大不同,它分短毛吉娃娃和长毛吉娃娃两种,都有各种各样的颜色,从雪白到纯黑。墨西哥人喜欢有棕褐色斑块的黑

吉娃娃的血统变迁

中国冠毛犬:有无毛犬和长毛冠毛犬两种,因头上的披毛酷似中国清朝官员的顶戴花翎而得名。

提吉吉犬:传说中托尔提克人饲养的一种小型玩赏犬。

短毛吉娃娃:中国无毛冠毛犬与提吉吉犬交配产生了短毛吉娃娃。

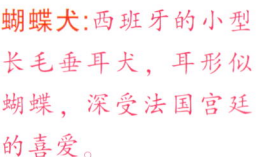

蝴蝶犬:西班牙的小型长毛垂耳犬,耳形似蝴蝶,深受法国宫廷的喜爱。

博美犬:尖嘴丝毛犬中最小的犬种,其祖先在德国的波美拉尼亚地区被用作看门犬。

长毛吉娃娃:短毛吉娃娃与长毛品种的博美犬、蝴蝶犬交配,产生了长毛种的吉娃娃。

现代意义上的"吉娃娃"约在19世纪中后期被改良定型

色和黑白斑点的吉娃娃,美国人则偏爱纯色的吉娃娃犬。

关于吉娃娃起源虽然有不同说法,但有一点是可以肯定的,现代这种娇小可爱的吉娃娃是美国繁殖家在原有吉娃娃犬种上不断繁殖改良的结果。

短毛吉娃娃的产生据说是中国冠毛犬与提吉吉犬交配产生的。墨西哥的土著托尔提克族灭亡后,阿斯提克族开始统治当地,民族虽然变换了,但提吉吉犬依然受到人们宠爱被继续饲养着。随后在西班牙军队灭亡阿斯提克族之前的几百年间,人们将提吉吉犬与中国冠毛犬相交配,逐渐产生了与现代短毛种吉娃娃接近的犬种。

在19世纪中期,该犬种被引入北美大陆,并改为吉娃娃。1887年美国养犬俱乐部(AKC)将其定为正式注册犬种。在此基础上,美国部分繁殖家将这种短毛种吉娃娃与蝴蝶犬和博美犬等长毛品种交配,从而培育出了长毛种吉娃娃。经过美国繁育者的长期努力,将身世一直无法确定的吉娃娃变成了现在这种模样。

吉娃娃犬的传说

墨西哥古王国纳哇托的代表民族是充满神秘色彩的托尔提克人,他们居住在今日新墨西哥州和亚利桑那州长满杉木的荒凉之地。他们有个著名的神话,名为《长羽毛的蛇》,叙述一条蛇、一只鸟、一个人在一艘神奇的船上,护着神飞天过海的过程。这可以说是人类伙伴情谊的原型。虽然那狂喜的长羽毛的蛇,经常被描绘在图像上,但无疑的是,藏在蛇的面具下的灵魂是一只狗。

盖扎可度是个长羽毛的蛇神,它具有神秘的多重面貌。他可以是一个披毛袍的人,也可以投胎成另一种形象,并长着一张狗脸,名叫索罗托。

这到底是一种什么样的狗?在墨西哥北部神殿的绘画中有一只体型小、长着猴眼的狗雕像,名叫吉娃娃,这是史迹上首次有这种狗的出现。索罗托就像埃及的狼头神阿奴必斯一样,阿奴必斯在埃及扮演着将亡魂引到另一世界的角色,而索罗托则在墨西哥执行同样的任务。

到底这只体形瘦小的狗,有什么能耐背负这么多神话呢?

说来并不简单,这只狗事实上是托尔提克人的祭品,用来作为主人的陪葬品。在托尔提克人文明衰微后,另一个民族吉吉米克斯人遂起而代之。他们的名字"吉吉"就是狗的意思,也就是说他们是狗之子民。

1521年哥尔帝斯打败阿兹特克王朝后,史前的口授历史正式宣告结束,这只带宝石眼珠的犬神神话也跟着消逝。但留下来的是一种小得可以坐在汤碗里和人们抢汤碗来喝水的袖珍犬,故吉娃娃又被人称作"墨西哥犬神"。

神话中的吉娃娃担负着将亡魂引到另一个世界的任务

吉娃娃犬的超人气魅力

娇小的体型、丰富的表情、灵巧的动作、温和的性格、养育的简便，这些因素聚在一起构成了吉娃娃犬的独特魅力。走进社区，小孩的身边、老人的怀里时常会见到那一只只四处张望、眼睛里充满好奇的吉娃娃犬。

许多明星也与宠物有着不解之缘，而易于照顾的吉娃娃犬更成为他们的首选。它可以减轻他们的工作压力，调剂心理的平衡，并丰富生活的内容。

◆ **体型娇小可爱**

理想体重1千克多，可用双手捧着的吉娃娃，是世界最小的犬种，也是举世闻名深受欢迎的犬种。吉娃娃的体型娇小得似乎可随手放入口袋里，故也被称为"口袋犬"，是一种聪明可爱，又超爱撒娇的魅力犬。

大约早在100年前，美国养犬俱乐部（AKC）就将这种可爱的吉娃娃登录入籍。随后它以迷你、可爱的容貌，吸引全世界人的目光，人气也直线上升。在其繁殖重地——美国，吉娃娃更具有绝佳的人气，获得广大"狗迷"的支持。

吉娃娃大概是在20世纪90年代初期，开始陆续从境外进入我国。因为体型娇小，加上个性活泼很受人们的喜爱。经过多年的发展繁育，吉娃娃犬在中国的拥有量日益攀升。就伴玩犬来说，它更拥有数一数二的地位！

近年来，长毛吉娃娃犬在国内也有一定的人气，而招揽人气的正是那一身柔软长毛。但在另一方面，身型纤细可爱的短毛种吉娃娃犬，也有不逊于长毛种的魅力。这种充满异国情调的狗狗，风靡了全国。

◆个性开朗活泼易教导

吉娃娃犬让人忍不住想要保护它，但是别忘了，在看似娇柔的外表下，它是一种活力十足、心思细腻、动作敏捷的狗狗。它个性开朗，充满好奇心，凡事都想看看、尝试；它的自主性强烈，有着凡事都不服输的执著性格；即使面对体型彪悍的大狗，仍然显出一步也不认输的大胆气势。

但在另一方面，个性十分谨慎带点神经质的吉娃娃犬，也不是任何人都可以和它亲近的狗狗。唯有心灵相契的饲主或家人，它才会全心全意付出它的爱。

灵活机警的吉娃娃犬，能充分理解饲主或家人的语言或动作，了解人们内心的情感，加上它顺从、记性又好，属于容易教养的狗狗。

◆易相处的伴玩犬

只要有可爱的吉娃娃犬相伴，人们每天都可以过着快乐的生活。

吉娃娃犬体型小，饲主只要抱着它，哪里都可以去，不管是购物、假日外出踏青、旅行，它都是最佳的伴侣，属于和饲主高度情投意和的狗狗。吉娃娃犬进入人类的世界，成为人们生活中不可或缺的玩伴犬。

不过要注意，吉娃娃犬也有稍微任性撒娇的一面，饲主要懂得什么是真正的爱，不要一直抱着吉娃娃，一切听之任之，只有适可而止的关爱，才是最好的教养之道。从吉娃娃犬的幼犬期开始，就要教它分辨是非，遵守家里的规矩，并让它好好地学习服从与训练。

◆ 可以客串看门狗

幼犬期的吉娃娃犬,是不知疲倦为何物的狗狗。或许是养在室内之故,等它长大成"狗"时,似乎不怎么爱玩或嬉戏,但这种情形也不是绝对的,成犬的独立性很强,还是会乖乖地自己玩耍。

个性独立的吉娃娃犬即使独自在家,也不会觉得很有压力。所以,只要它学会了基本的教养习惯,还是可以让它负责看家。

警戒心强又勇敢的吉娃娃犬,可说是一只既称职又可以信赖的看门狗。和它的体型比起来,吉娃娃的叫声算是嘹亮的,而且很少会乱吠。不过,有些狗狗因为警戒性过强,容易神经质地一直叫,所以从幼犬期就要好好地加以教养。

◆ 梳理比较简单

有些人虽然想要养狗,却没有时间照顾狗狗。针对这些"懒人",甚至是那些没有养狗经验的人,吉娃娃犬都是可以让他们顺利饲养,让美梦成真的狗狗。吉娃娃犬的体毛照顾只需要刷毛和沐浴即可,不会占用很多时间,甚至不必由专门的美容师做特别的养护,实在是方便极了。

如果是长毛种吉娃娃犬,饲主要时常帮它把被毛梳整齐,每次散步回来后记得刷刷毛,清除身上的灰尘或污垢。如果是短毛种吉娃娃犬,要注意刷毛去除旧毛,定期沐浴,保持皮肤的清洁。

和其他犬只相比,吉娃娃犬算是体味小的狗狗,所以,只要平日注意保养体毛,除非是换毛期,否则并不需要经常洗澡。除了体毛的照顾,牙齿也要特别注意,吉娃娃犬牙齿先天发育较差,饭后记得帮它刷刷牙,并定期清除牙结石。

◆ 每天散步可消除压力

像吉娃娃犬这种体型超小的狗狗,只要让它在室内跑来跑去就可获得足够的运动量,不用强迫它出去运动,照顾起来十分轻松。

但反过来说,不管是体型多小的狗狗,为了身心的健康与平衡,单靠室内运动仍然不足。饲主用牵绳带狗狗去室外运动,才能真正促进它的健康,消除它的压力,给它充沛的精神与活力。为了让它保持规律性,每天一次让它去室外跑跑跳跳吧!

吉娃娃犬这种小巧又容易照顾的狗,即使是女性或老年人也能安心地带出去散步,而且散步的距离和时间都很短,不会让饲主感觉很累。

带狗狗散步,还能培养出人跟狗狗之间的亲密情感。老人可以打发寂寞的时光,消除孤独感;上班一族在工作之余和狗狗玩玩,可以忘掉一切烦恼,释放紧张的心情。

吉娃娃犬犬种标准

吉娃娃犬是世界上最小的玩赏犬,是非常机警、敏捷而又聪慧的犬种,不论是在外形、结构或比例上,它均有着明显区别于其他犬种的标准。

整体外貌

体型娇小匀称,优雅,机警,动作灵活,表情活泼。虽是小型玩具犬,但却具备大型犬的狩猎与防范本能,具有类似㹴类犬的气质。此犬分为长毛种和短毛种。

大小、比例和结构

体重 不超过2.72千克。

比例 身体几乎呈方形,身长略长于身高;公犬身长较短的理想。

缺点 体重超过2.72千克。

体型小但匀称

身体近呈方形,身长略长于身高

头部

表情 头部表情活泼可爱。

颅骨 颅骨呈拱形。像圆形的"苹果形"。

眼睛 眼睛大,但不突出,两眼分得较开,明亮的黑色或红色(金色或白色被毛的犬眼睛颜色可以是浅色)。

耳朵 耳朵大,直立,处于戒备状态时立得更直;休息时,耳朵会分开,耳张开成45°角。

鼻子 亚麻色型的为青色或黑色。鼹鼠皮色、蓝色和巧克力色型的犬鼻为青色,亚麻色型的允许鼻为粉红色。

头呈"苹果形"

口吻 口吻较短,略尖。

咬合 剪状咬合或钳状咬合。颚部水平或交错颚,上颚或下颚突出、下颌偏斜是严重的缺陷。

缺点 向下折的耳或断耳。

颈部、背线和躯干

颈部 颈部略呈拱形，完美地与肩部连接，曲线优美。背线水平。

躯干 肋部伸展，但不呈桶状胸。

尾巴 尾巴中等长度，向上或向外卷曲，或向背部卷曲，尾尖可以触到背部（尾决不能夹在两腿之间）。

缺点 短尾。

前躯

肩部 肩部倾斜，逐渐变宽以支撑前肢；肩部平衡，健全，与水平的背部相连，这样使得前躯有力，但又不像斗牛犬的胸部。

脚部 脚部小，漂亮，趾稍分开。脚垫厚实（不能像兔足或猫足）。

后躯

肌肉丰满，距离适当，两后脚跟分开，既不内翻也不外展，后脚跟直而结实。前脚与后脚相似。

颈呈拱形，肋部伸展

背线水平,尾向上或向外,或向背部卷曲

被毛

短毛犬的被毛应柔软,有光泽,允许有丰厚绒毛层;被毛均匀分布于全身,颈部有饰毛,头部和耳部被毛稀疏;尾部被毛较长。长毛犬被毛质地柔软,直或轻微卷曲,有绒毛层者为佳;耳缘有饰毛,耳尖可稍向下折;尾长而被毛丰富(羽状尾),四肢和脚上有羽状毛,后肢有短裤状毛,颈部有领状毛比较理想。缺点是长毛犬被毛稀少。

短毛犬被毛柔软,有光泽

长毛犬被毛质地柔软,直或轻微卷曲

颜色

任何颜色的纯色,有斑块或斑点均可。

颜色丰富

步态轻盈,后躯有力

步态

轻盈,稳健。前躯伸展,后躯有力。从后面看,两后脚跟平行,同侧前后肢的落地点在一条直线上。行走速度加快时,前后肢的落地点趋向身体的中心线。从侧面看,步幅大,后躯强健有力,头部高高抬起。背线保持水平。

性情

聪明,有猎犬的品质。

失格条件

体重超过2.72千克;断耳;短尾;先天无尾,长毛犬被毛稀少。

吉娃娃犬的评审图解

通过对吉娃娃各部位进行详细解析,有助于我们更为深刻地理解犬种标准。

骨骼图解

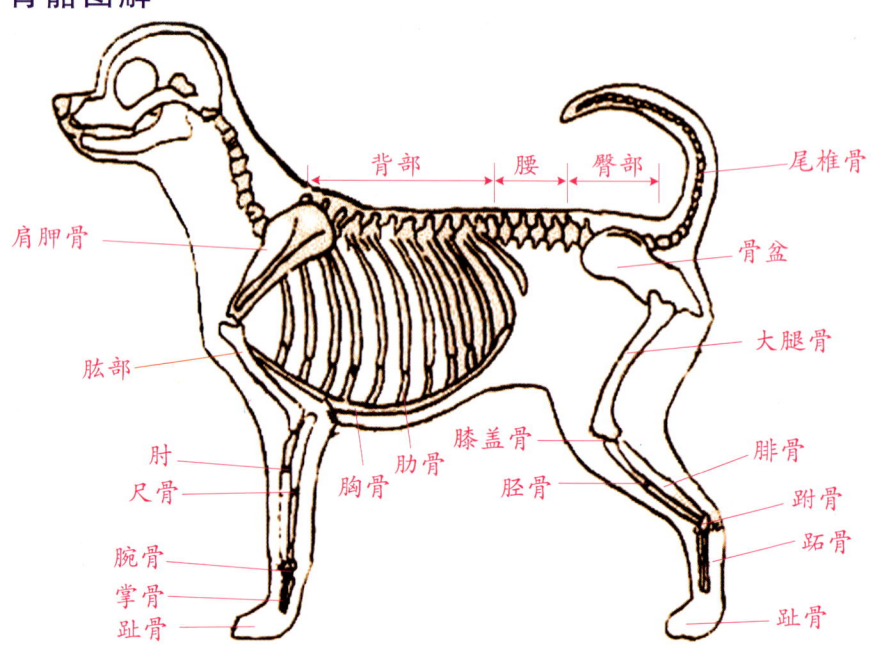

头部图解

耳部图解

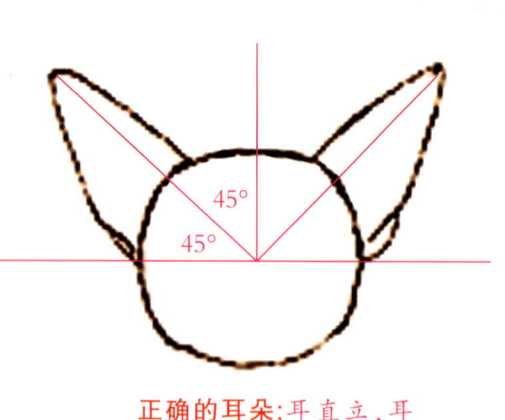

颈部图解

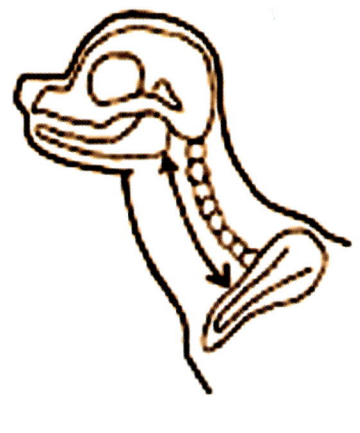

正确的颈部：正确头部倾斜角度　　　不正确的颈部：后仰呈弓形的倾斜

肩部图解

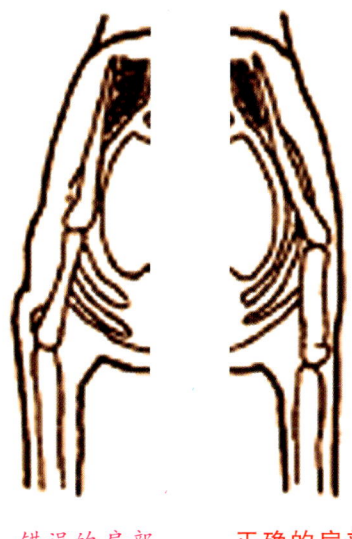

错误的肩部　　正确的肩部

胸部图解

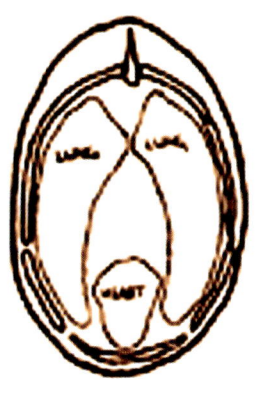

正确的胸部

错误的胸部：
桶状胸

前躯图解

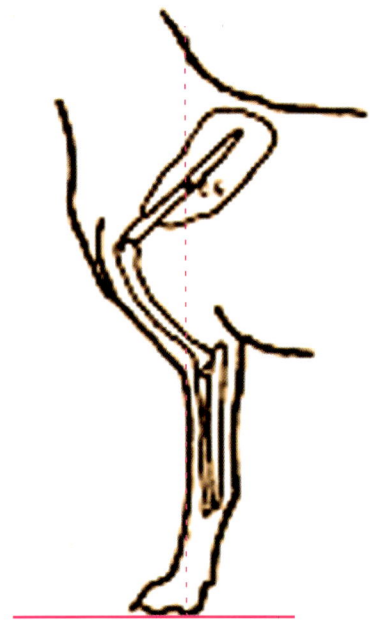 

正确的前躯　　　　　　　　　错误的前躯："猩犬前躯"

后躯图解

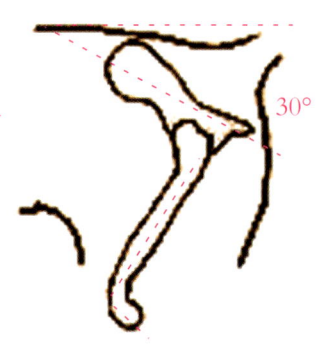 

发育良好的后躯　　　　　　　错误的后躯：胫骨过直

前肢图解

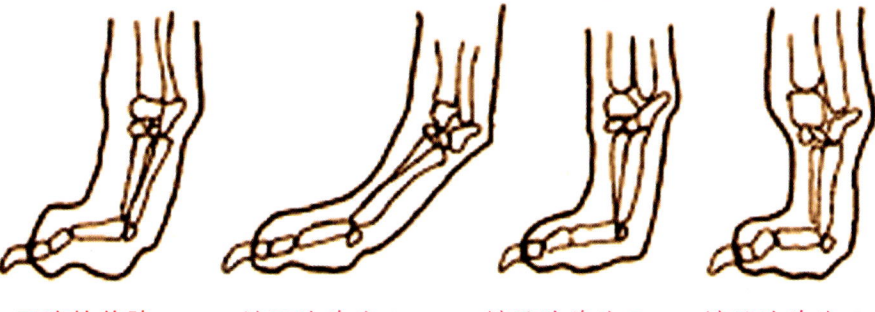

正确的前肢　　错误的前肢 A　　错误的前肢 B　　错误的前肢 C

后肢图解

正确的后肢角度

正确的后肢结构

臀部图解

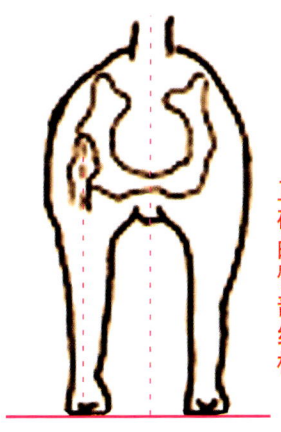

正确的臀部结构

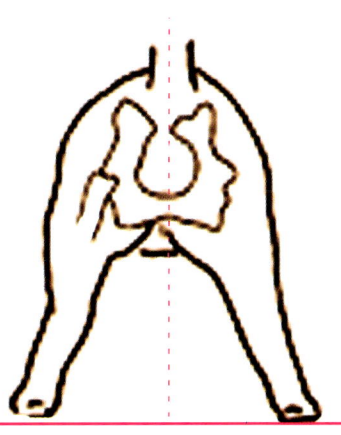

错误的臀部结构

尾部图解

正确的尾巴位置

错误的尾巴：尾位高且平放于背部

错误的尾巴：旗状尾，尾位过低且平伸于外

错误的尾巴：卷尾

错误的尾巴：尾巴过长，歪向一边

步态图解

正确的前足步态

错误的前足步态：外撇

错误的前足步态：翼状

错误的前足步态：波状

正确的后足步态

错误的后足步态：后足过近

吉娃娃犬的参展

犬展是犬迷们的欢乐盛会,参加犬展可以相互交流、学习,达到共同促进发展的目的。

犬展的分类

犬展可分为国际性犬展、全国性犬展、区域性犬展及各俱乐部（协会）本部展。这些犬展按规模还可分为全犬种展和单犬种展。全犬种展分为运动犬组、猎犬组、工作犬组、㹴犬组、玩赏犬组、牧畜犬组等。单犬种展如德国牧羊犬单独展、吉娃娃犬单独展等。

◆ 西敏寺犬展

西敏寺犬展起源于一个世纪以前，那时纽约的一些养犬爱好者经常聚集在西大教堂(西敏寺)饭店举办各种交流活动，并一起组织策划了第一届

犬展中吉娃娃分在玩赏犬组中参赛

纽约犬展。现代的西敏寺犬展几乎成为当今世界最高级别的全犬种展示比赛，世界各地的名犬都以能在西敏寺犬展中夺魁为最高荣誉。报名参赛的犬只无一不是身经百战的各地冠军名犬，因此，每届西敏寺犬展的参赛犬只数目都不算太多，基本保持在3000~5000只。

◆ 克鲁夫特犬展

克鲁夫特犬展是由狗饼干供应商查尔斯·克鲁夫特于1886年首创的

AKC优卡杯犬展也是美国很权威的犬展

英国规模最大、规格最高的全犬种犬展,每届犬展都吸引了全球各养犬俱乐部或协会参与。

◆ 意大利米兰犬展

意大利米兰犬展也是世界上最具特色的几大犬展之一。和其他重要的犬展不同的是,米兰犬展的参赛者除了那些专业的养犬者以外,更多的是业余的养犬爱好者和名犬发烧友。他们之中有来自意大利本土的,也有来自欧洲邻近各国的。

◆ 国内犬展

我国的犬展历史较短,20世纪90年代末期才由一些城市的养犬协会小规模地举行,在全国范围内影响不大。随着养犬业的发展,各大中城市纷纷成立犬协或俱乐部,各协会、各俱乐部之间加强了沟通,与国外许多犬协或俱乐部的交流与合作也得到了加强。近两年,北京、上海、深圳等地的犬展已成为目前国内规模较大的犬展,在海外也有了一定的影响力。

目前国内每年都会有约50场较大型的犬展

犬展分组方法

不同的犬展,它的分组方法是不同的,犬主必须仔细地观看赛事指南。现在国内犬展一般是采用美国养犬俱乐部(AKC)和世界畜犬联盟(FCI)的赛事分组,以及各个当地协会制定的赛事分组。如果赛事分组是按美国犬协的标准的话,所有犬只分为七大组群;如果是按FCI的赛事分组的话,所有犬只分为十大组群。在此基础上,同犬种又分为公、母两组,然后依月龄的大小又分为幼犬组(3~6月龄、6~9月龄)、青年犬组(9~12月龄)、成犬组(12~18月龄、18月龄以上)数组。国内大多数的犬展的赛制都是组织者根据AKC和FCI赛制结合实际情况设立的。

单独展分组方式有许多种,但通常是分公、母两组,而后又根据月龄大小分为特幼组、幼小组、幼犬组、未小组、未大组、冠军组数组。

相关链接>>
犬展常用术语及英文缩写对照

BIS	全场总冠军
RBIS	全场后备总冠军
BPIS	全场幼犬总冠军
BJPIS	全场特幼犬总冠军
KING	最佳公犬
QUEEN	最佳母犬
BIG	犬组群冠军
BOB	单犬种冠军
BOS	最佳相对性别
WD	单犬种优胜公犬
WB	单犬种优胜母犬
BOW	WD和WB之中的获胜者
BISS	单独展的全场总冠军

裁判审查方法

参展者按组别凭号码牌入场后,先依次进行个别审查,由评审员对参展犬只逐一检查其牙齿、咬合、骨骼、睾丸等是否健全,是否具备参赛资格后,再做比较审查。由指导手牵引参展犬只绕行审查场,进行步容、立姿、秉性、动态及静态等审查。除了根据各部分标准来评分外,尚要注重整体的均衡及动态的美感,来决定谁能从中胜出。

审查是裁判对犬只进行整体评价

参展前的准备

◆ 参展前的修饰

吉娃娃的修饰较为简单,但在参展前仍不能马虎。赛前要通过一定修饰突出爱犬的优点,同时在符合比赛规则的情况下将狗狗的一些缺点掩饰起来,以便将爱犬最优秀的一面表现出来。特别是对于长毛吉娃娃来说,亮丽的外表对于其能否获胜有着极大的关系,除了有一身美丽柔顺的被毛外,也要确保它有干净的脚,干净的耳朵、眼睛及牙齿。

◆ 赛前注意事项

如果犬展在远地举行,

赛前准备越充分,赛场就会更自如

最好提早1天到达,以缓和长途旅程的疲劳。犬展当天应提早到会场,先找个阴凉的地方稍事休息,并避免日晒过度。参展当日给犬只食粮应减半或空腹,以免参展中途呕吐而影响精神。到达会场以后给犬饮水,若是幼犬,适当给少量食物。做赛前的准备工作,如梳毛或牵带以及适应会场环境,不要殴打或责骂你的狗,以免其怯场。犬主应保持轻松,尽量去表现犬的优点。牵绳应握于左手,立姿应侧向审查员,并注意本身服装整洁及保持个人风度。

参展前的训练

◆ 定姿训练

最初训练时,它可能会不习惯而挣扎。训导员可以选择它饿着肚子的时候教,用食物来诱导它。这样在食物的刺激下它很乐意和你配合,让你用绳子牵着走了。

刚开始训练定姿时,当你发出"定"的口令时,它可能对你的口令无动于衷,这时训导员要用力地扯一下牵绳,通过机械刺激以引起它的注意,让它把头抬起来注视着你,这时训导员将食物递给它,并且称赞它。如果它跳起来,或全身乱动时,可把牵绳往下扯,并大声斥责"不行",并把食物拿开,等它做对了才把食物奖励给它。这样重复训练几次以后狗狗就会明白你口令的意思,愿意配合你的训练。在它基本"定"好时,你可蹲下身来,用手顺一顺它的尾巴,然后试着抬一抬它的后躯,把后脚的位置摆好,让它完全习惯训导员的这些动作。在狗狗基本习惯这些动作时,可以在牵走的中途停下来做这些

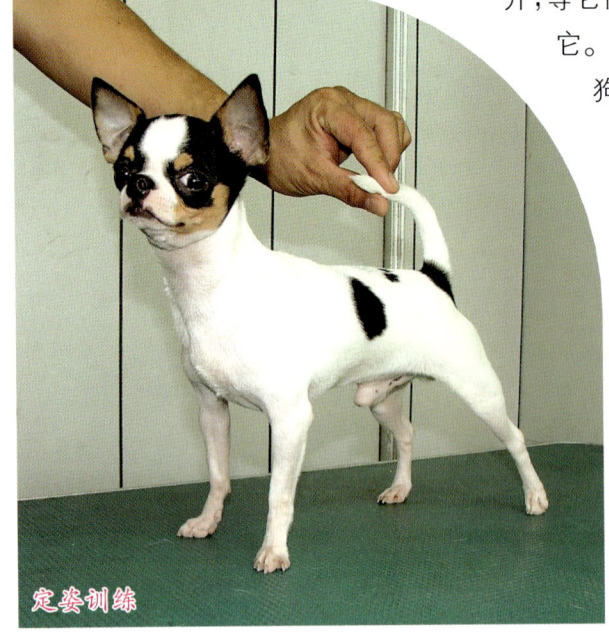

定姿训练

训练了,只有在这个环节训练好了,以后在赛场上才更容易配合。需要注意的是在"定"的时候,狗狗离训导员不要太近。

◆ **步态训练**

在犬展中,裁判希望看到狗狗轻快自如的步伐。要使参展的吉娃娃步法达到最佳效果,需要先测定其小跑的速度。在平常训练时,可以请有经验者在一旁辅导。吉娃娃的步幅较小,牵引绳可选择短细一些的。最优秀的指导手和狗在赛场比赛时,指导手会如隐形人般让参赛的吉娃娃犬看起来是完全自由地行进。

步态训练

在训练过程中不要前后离得太近了,一方面由于吉娃娃过小易踩伤;另一方面也容易干扰犬只的步伐节奏。当然也不能离得太远,太远了之后绳子绷得很紧,会影响步速的均衡和身体的平衡。

除了注意训练吉娃娃的步法外,还要专门训练它进场和离场时的动作。进场和离场时需要沿直线跑动,以较为缓慢的小跑步行进。为克服脚步摇晃和双脚如螃蟹走路般的跑姿,训练时,在狗的两旁,以顺时针和逆时针两种方式练习。应特别注意的是由于训练者漫不经心很容易造成狗狗摇晃不定的步伐。

赛场展示技巧

没有一只犬是绝对完美的,指导手的重要职责就是要把吉娃娃犬的优点表现出来,在规则允许范围内用技巧把缺点掩饰起来,让犬只在审查员面前呈现出最吸引人的秉性与气质,从而获得好的成绩。作为指导手要注意自己的风度仪表,在场上要始终保持微笑,用你的微笑及赛场简洁的动作肢体语言与评审员进行无声的交流。

要用最快的动作帮助犬只做好定姿动作

◆ 定姿技巧

当审查开始时,就要做个别审查,摆好姿势接受审查。指导手要以最完美的方式在最短时间内帮助吉娃娃做好定姿动作。正确的方法是:

将一只手放在吉娃娃的胸下部抬高前端,使前肢直立,然后将手移至颈部以做出正确的头部姿势,同时另一只手尽可能地调整后腿和尾巴,让尾巴高举背后,手要轻触狗的最后肋骨下方,使它收紧腹部肌肉,背部微微下倾,以达到身体上部从头至尾都有着柔和的外形线。不要从腹部下方把狗托起,这会使狗的背部拱起;也不要把吉娃娃的后腿分得过开,这会使它的前腿弯曲、背部下倾。指导手的动作要像是爱抚自己的宝贝,而不是当作木偶似的去摆布它。

◆ I 字形牵走技巧

所谓 I 字形就是从原点出发走直线,至终点后做 180°的旋转再回到原出发点,这也是做个别步容或姿态审查时常用的方法,这种走法主要便于评

犬与指导手的距离应适中

审员观看犬的后肢及前肢的步容和架构。如果你的爱犬后肢较弱,要把牵绳放松一点,让犬的重心前移,这样就会改善许多。走直线时步容要轻快,速度适中,配合指导手的步伐,犬不要离开人太远或靠得太近。到终点旋转时,指导手应以单脚固定,以另一只脚旋转,犬在人的外侧绕圈旋转。如犬走得慢时,指导手可配合走小步一点。旋转后评审员开始注意犬的正前面走势,要注意犬的头部,不要让它低着头呈现出像老牛拉车似的步容。如果出现牛步时,牵绳可以一松一紧地控制来改善它的牛步。

在进行中,指导手应注意观察犬的姿势,及时通过牵绳纠正不良姿势

四肢均衡的犬,牵绳不要过紧,否则容易使前脚踏空,前肢踏空时容易有交叉步容出现,应尽量避免。旋转后,步行至评审员前1米处时就停止,并把姿势摆好。

◆ **三角形牵走技巧**

走三角形的赛场,主要是评审员要看犬的侧面步容。此时要昂头挺胸且活力充沛地快步前进,在转弯时指导手应步伐大一些,然后急转,以跟上犬的步调。遇上活力充沛、动作灵活的犬时,可以用I字形的转弯法,以免犬走得过快而扰乱步调的和谐。

◆ 圆形牵走技巧

一般圆形的走法是以逆时针的方向做全场的牵走。此种走法大都是整组犬一起走，做比较审查时使用较多。此种走法大多在整组犬出场后，个别审查之前或之后绕行整个赛场，以做比较审查。由于是整组犬一起走，因此要注意保持彼此的距离，并依评审员的指示，慢慢地加快速度，以最美、最和谐的步伐前进。走得较慢的犬可以较靠内，速度较快的犬可以走外侧或者慢点出发，

指导手的步伐应与狗狗保持协调

以保持适当的距离。如评审员示意停止时，立即摆好站姿，把犬"定"起来，并随时注意评审员的视线，调整方向，以完美的侧面"定"姿对着评审员。

相关链接

完成冠军登录

在AKC制度下，犬只要完成冠军登录，得到CH头衔，必须要得到15个积分。这15个积分中必须包括两个组分（Major）。组分是指在一场比赛中得到3分、4分或者5分，而这两个组分必须是不同的评审员颁发的。这种状况下，积分达到15分就可以完成冠军登录。如果一只狗得到15个1分，依然不能完成冠军登录，而完成冠军登录的最高等级，是得到3个5分，最低等级则是得到2个3分加上9个1分。虽然都是完成冠军登录，但上述两种完成的方式可以客观地反映出犬只的实力和素质。

指导手的赛场礼仪

接触评审时　在接受评审的个体审查时,不能对评审讲话,但是要行注目礼,始终保持用正面对评审。

调换位置时　当评审要调换位置时,要从其他人的后面走过,并与其他人的狗保持距离,以示尊重。

开始起步时　当评审要求同跑环形路线时,处于第一位的人应该与最后一位做示意性的沟通,当最后一位已经准备好时,才开始起步。

等待审查时　等待审查时要跟前面的狗保持一定距离,这个距离根据场地和狗的大小而有所变化,但是原则上,无论体形大小的狗,至少要保持两倍于犬只身长的距离。

比赛结束时　比赛成绩得出时,应该主动向获胜者表示祝贺,向评审表示感谢。

无论任何时　无论任何时候,都要保证自己的狗不要接触到别人的狗,并且要尽量确保自己的狗不要影响到其他狗的状态,这是比赛中的原则。

指导手良好的礼仪是对比赛的一种尊重

指导手的着装

上场比赛，指导手必须要穿正装。在英国，早期的犬展是只允许有社会地位的人参加的，所以，着装的要求是对传统的一种沿袭，同样也是对比赛的尊重。一个有经验的指导手不但可以从着装上体现美感，展现自我，更能够用服装去衬托参赛犬的魅力。

服装颜色要衬托狗的轮廓　若黄色的吉娃娃上场时，就不要穿黄色系的服装，否则就会影响评审员的视觉效果，让人感觉狗的线条和轮廓已经被同样的颜色所模糊了。

着装满足比赛需要　吉娃娃犬体型小，指导手的服装一定要简洁，最好不要穿长衣服及长裙，否则容易影响狗的跑动，同时影响评审员对狗的观察。简洁的裤子可以让你行动自如，又不会显得臃肿懒散。最重要的一点是在服装的右侧一定要有一个较深的口袋，这个口袋可以放置一些必备的物品，例如吸引狗的诱物，整理长毛吉娃娃的梳子，等等。但是要保证在跑动的过程中这些东西不会掉出来。

着装体现个性　虽然是穿正装，但是也要包装自己，展现个性魅力。例如在样式、颜色、细节上可以融入时尚细节，让观众和评审员对你过目不忘，这样就能让更多的人对你和你所带的犬只留下深刻印象。

BIS的六大要素

BEST IN SHOW 为全犬种全场总冠军,简称"BIS"。BIS 是每一个专业繁殖者及指导手永远追逐的梦想。当我们看到当一只参赛犬经过重重考验,淘汰各个对手,最终获得 BIS 的时候,究竟什么原因让这只狗狗获得了总冠军呢?

◆ 接近犬种标准

评审员比较狗的优劣,最基本的方法就是给狗打分,而越接近犬种标准的狗得分就会越高。很多人会问,当几个不同的犬种在同场竞技的时候,评审员又是怎样做出判断的呢?其实答案依然是打分。越是接近自己标准的犬得分就会越高,最后获胜的机会也会越大。

所以,最基本的要素就是参展犬本身是一只血统优良的纯种犬,而且要尽量避免出现大的缺陷。

◆ 科学的培养管理

其实有很多具备参展素质的幼犬,没有拿到好成绩的原因并不在于它

在赛场,更多在于平日细节的管理,指导手的工作不仅仅在赛

们本身的素质,而是缺乏良好的培养和科学的管理。管理包含很多非常专业的内容,例如:营养、美容、运动以及日常生活中很多习惯的培养,样样细节都不能疏忽。

管理是一个非常细致入微的工作,例如不同的地面会对狗的爪形、关节产生不同影响;不同的梳理工具会对狗的被毛有不同作用。诸如此类的点点滴滴无处不在地体现着管理者的技术。

我们看到过很多由国外引进的冠军级的狗,到国内一段时间后,比赛成绩就开始下滑。很重要的一个因素就是因为缺乏高技术的科学管理。

◆ **系统全面的训练**

即使是一只外形条件非常优秀的狗,如果缺乏训练,也难以在赛场上展现出自己的气质和精神状态,最终也很可能被淘汰出局。

在赛场展现出良好的气质训练有素的犬只更能

有人认为,参展犬的训练科目只包括牵引随行和摆姿势。其实对于参赛狗来讲,游戏和玩耍也同样非常重要。因为在游戏的过程中,狗和主人会建立非常自然的依赖关系,而且狗和主人都会获得快乐,这对狗的亲和力、信心的培养非常有利。而亲和力和自信心对参展狗来说同样是至关重要的。

◆ **精心的参赛美容**

犬展上,参展犬的美容和选美比赛中模特的美容有着异曲同工之妙。要说明的是,参展犬的美容和宠物犬的美容是有很大区别的。参展犬的美容,除了能让狗保持清洁、漂亮的外观之外,还要根据每只狗的特点,考虑到如何掩盖修饰它们的不足之处,使它们看上去更加接近标准。

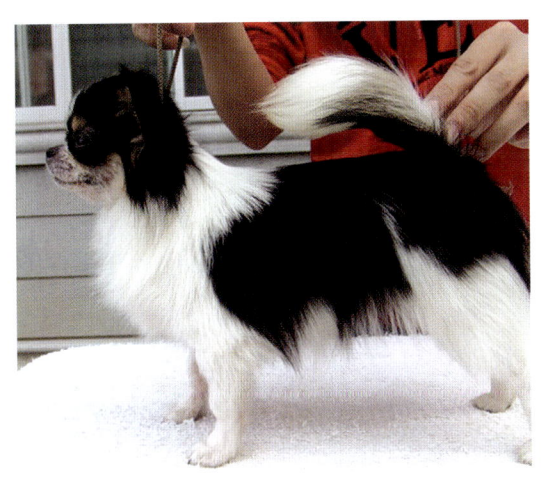

长毛吉娃娃的赛前护理尤其重要

◆ **比赛的人文环境**

因为各个国家对于相同犬种的标准或多或少会有所区别,因此,同样级别的赛事由来自不同地区的评审来评判,很可能出现不同的结果,这是很正常的。在不失公正的情况下,评审根据个人的偏爱来决定比赛的成绩,是无可厚非的。既然报名参加犬展,就意味着要接受比赛的结果,并且尊重评审的决定。

◆ 赛场的临场发挥

在犬展中，经常会出现两只狗的水平都比较接近的局面。这个时候，指导手就成为了决定胜负的重要人物。一名优秀的指导手，会对参展犬的管理、训练、美容技术样样精通，他可以利用丰富的经验、敏锐的思维、细致的观察来调整狗的状态，调动狗的情绪，掩盖狗的缺陷；以优美的姿态，轻盈的步伐，高超的技巧去展现一只狗最完美的一面。

吉娃娃犬的选购

吉娃娃是深受人们欢迎的家庭玩赏犬,在你购买之前,最好先仔细阅读一下吉娃娃的犬种标准,以便在选购时做到心中有数。

在信誉好的宠物店购买

　　吉娃娃犬是较为普及的犬种,大部分专业的宠物店都有出售。选购时选择规模大、信誉好的宠物店购买。前往宠物店时要先看看其营业相关证照,检查笼内的情况,一定要确认是否有动物的腥臭,笼子是否干净,那些未能及时清理狗狗排泄物的店家,在小狗的照顾及健康管理上让人难以信赖。

通过查看店内能大致了解其管理及服务

　　要观察店员对待狗的态度,同店员聊一聊,问清楚狗狗的售后服务,宠物店如何保证狗狗在一段时期内不会生病或死亡,其风险由谁承担。要在售后服务好且值得信赖的宠物店购买。信誉好的宠物店经手的狗狗应该是既健康又有一定质量保证的狗狗。选购时可以多逛逛,比较每家的差异。

去专业的繁殖者处选购

　　从专业的繁殖专家那里选购好处很多。一是专业繁殖吉娃娃犬的专家,他的饲养繁育经验非常丰富,你在买进他的狗狗之后若在养育上有什么疑问还可以向他请教;二是从繁殖者那里购买小狗,可以看到小狗的上一代,可

专业繁殖者的狗狗品质更高

以从多只幼犬中作出选择购买;三是如果无法亲自前往选购,对方又值得信任的话,也可以在电话中将要求说清楚,再通过网络在对方发来的幼犬图片中选定一只,并让对方提供运送服务。但在专业繁殖者那儿选购时,要先了解该繁殖者的犬只参展是否获得过奖励,获得过哪些级别的奖励,从侧面了解其犬舍的繁殖水平。

注意血统,查清血统渊源

要确认一只吉娃娃犬血统是否纯正,通常有专门的权威机构予以认定,认为合格的,给这只吉娃娃发放血统证明书。美国、英国、日本等许多国家和地区的养犬俱乐部(犬协)都建立起了统一的血统证书认证体系,都会由相关机构对确认的纯种犬发放血统证明书,因此在国外引进吉娃娃时一定要索要血统证明书。

目前,我国正在探索建立统一的纯种犬登录制度,一些组织已试行发放血统证书。无论有无血统证书都要查清欲购犬只的父母犬及以上几代犬只的品质,弄清血统渊源,遗传是否稳定,有无遗传性疾病,以推断该犬的优劣。只有其父母、祖父母及上几代犬均为品质较好的纯种犬时,才能保证该犬只有着稳定的遗传,可能是一只品质优秀的吉娃娃犬。

选购时健康检查

　　选狗狗的第一要义是健康。一只真正健康的好幼犬,抱起来比外表感觉更沉重,而且它那富有弹性的身躯正诉说着无比的生命力。有病或有缺陷的小狗千万不能购进,不然会给你的生活带来很多烦恼。健康的吉娃娃幼犬活泼好动,反应敏捷、机灵,而且警觉性很高;而生病和有生理或精神缺陷的狗只则胆小、反应迟钝、没精打采的,有神经质倾向。在检查其健康状况时就应从以下几个方面去注意:

雪亮的眼睛 眼睛四周没有眼泪或残留痕迹。

漂亮的耳朵 干净,里面为粉红色,对声音的反应正常。

湿润的鼻子 刚醒来鼻头很有光泽;睡觉时鼻头较干燥。

无异味的嘴巴 没有口臭,牙龈为粉红色,水平咬合。

结实的四肢 骨骼强健,前肢笔直,后肢有角度。

灵活的尾巴 活泼地摇摆着尾巴,个性开朗。

发亮的体毛 健康有光泽,没有红色斑点或局部脱毛。

干净的肛门 肛门口紧闭,四周没有残留污物。

品质选择

有好的血统渊源能在较大程度上保证犬只的品质,但并不是好的血统都会产生优秀的后代犬。因此,在选购时更主要的还是把精力花在眼前你将要购进的狗狗身上。宠物狗生的狗仔也有可能成为冠军的,只要你足够用心,你有可能从普通小狗中挑出一只极品小狗,但是,如果你粗心大意,那么也有可能从冠军狗后代里买走一只平凡得不能再平凡的狗狗了,所以在选购时关键要注意眼前的狗狗。根据犬种标准中各部位对其品质影响的重要程度,在选购时检查的顺序如下:

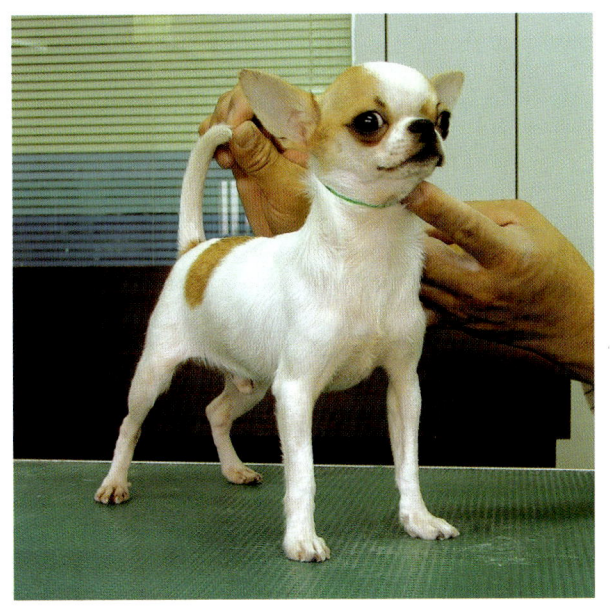

选购时既要注重血统更要观察狗狗本身是否标准

体型 头部幅度宽的好,前额要像正放的半个苹果,身体强壮,在一群小狗中吃得较多的狗狗为佳。

被毛 有长毛和短毛两种。毛的花色有多种,这可根据自己的喜好进行挑选。

脸部 脸的形状在小时候不容易鉴别,如果可能可以根据父母狗的样子大致想像小狗长大后的样子。

眼睛 眼睛圆圆的,与狗儿毛色相近的更好些。不要选择天蓝色眼睛的小狗,它的眼睛给人又大又圆的感觉。但不要挑过于向外凸的,因为小狗的眼睛小时候要细长一些,长大后会变大。

耳朵 相对而言,吉娃娃的耳朵越大越好。但要避免耳朵在身体正上方的,斜一点的好些。

鼻子 同眼睛一样,与毛色相近的鼻子好些,桃色的鼻子不好。从脸整体的平衡性来看,鼻子靠下的不好。

口与齿 嘴巴短的好。从侧面来看,鼻子应与眼睛成90°夹角。

四肢 腿粗一点为好。不要选走起路来不自然的狗。

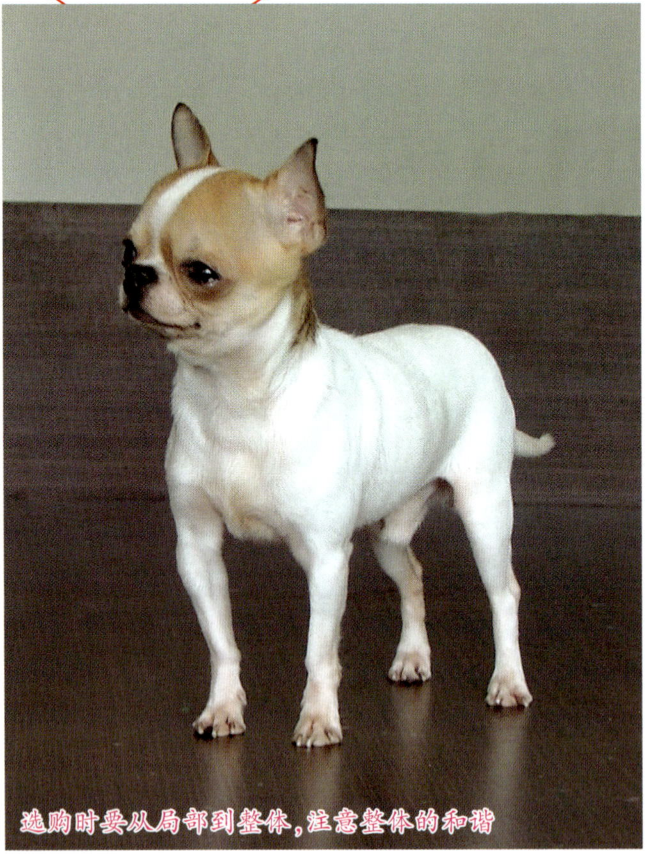

选购时要从局部到整体,注意整体的和谐

国内吉娃娃犬的发展现状及前景

　　吉娃娃犬由于体型小、易管理、费用低等因素，使之在国内的拥有量较大，但真正高质量的吉娃娃却较少。吉娃娃的流行最早见于20世纪90年代初，算是全犬种引入比较早的品种之一，基本上大部分种犬来源于中国台湾、中国香港地区。那时的吉娃娃犬主要集中在广西南宁、广西梧州和四川成都、重庆等地。在这些地区也出现了一批专业吉娃娃犬舍，当时吉娃娃的品质也很不错，价格也昂贵，每只少则几千块多则两三万。

　　但由于吉娃娃犬的繁殖难度大（如易出现难产，每胎数量少），加之成活率低以及价格不平衡等原因导致不少饲养者打退堂鼓。同期之后又相继出现用北京犬、巴哥犬、迷你品犬、蝴蝶犬、博美犬等甚至更大型的犬杂交。从繁殖原理来说，他们是利用大型弱势基因的母狗和强势遗传基因的标准公狗，便能繁殖出尤其是幼犬阶段看似不错的吉娃娃犬。从经济角度来讲，这样的繁殖产量大，成活率高，基本无难产风险，且出栏快等，远比纯种吉娃娃犬繁殖要好得多，这也是导致今天吉娃娃数量巨大但品质不一的原因。

　　自从出现了杂交吉娃娃犬之后，吉娃娃犬价格一落千丈，普通市场上的吉娃娃犬价格一直保持在每只200~500元之间，如此低迷的价格已经很少有人再从境外引进吉娃娃种犬，吉娃娃犬发展停滞不前，甚至出现倒退。相

反,由于市场上高品质吉娃娃犬罕见,一些吉娃娃以体型超小、重量超轻、比苹果头还夸张的寿星头、超大超突的眼睛成为人们所追捧的对象,时间长了,这种吉娃娃犬非常自然地成为了人们心目中的标准。直至现今,这类观点还始终主导着吉娃娃犬领域。现阶段中国大陆吉娃娃犬存在的最明显、最严重的几个问题是:

a.过度追求口吻短,导致咬合不良或者舌头外露;

b.过度追求体型小、重量轻,导致营养不良,体弱多病和背线不平;

c.过度追求贴身毛,导致毛量毛质恶化,失去原始本色;

d.不重视尾型的稳定巩固,导致不标准的尾巴;

e.不重视性格发展,因小巧方便笼养或者饲养数量超多,没有得到社会化,导致性格胆小,尾巴常夹于两腿间;

f.不重视活动量或运动地面,且多为笼养,导致骨骼变形或者爪形异常;

g.过度追求头洞且头洞越大越好,导致在同一条狗头上出现多个头洞。

由于多数繁殖者和消费者缺乏吉娃娃犬专业知识,这使得国内从事系统繁育吉娃娃犬的专业犬舍不多,导致其水平整体低下,但从另一角度也说明吉娃娃的发展有着极大的空间。随着行业的发展,中国的犬展日益增多,从中出现更多一些的吉娃娃专业繁殖者和指导手成为必然,正确的观念会日益被人们所理解和接受,同时行业的规范化,能对吉娃娃发展起到极大推动作用,相信在不久的将来,国内的吉娃娃的整体繁育水平会大大提高。

吉娃娃犬的成长管理

吉娃娃犬的饲养管理必须根据其自身发育规律、生理特点进行科学管理,这样才能培育出身心健康的狗狗。

刚进家门的准备

◆准备狗笼

因为吉娃娃犬体型很小,许多人都觉得它不需要狗窝,其实不管是什么狗狗,都需要一个可以好好休息的空间。你可以利用纸箱自己裁切,或购买市面上的狗窝或狗笼。家人经常聚集活动的角落,最适合放置狗笼了。平常可让狗狗自由进出,当有客人来访或外出时,再把它关进狗笼里。狗笼里面铺条大浴巾,就是它睡觉的好地方。

吉娃娃犬很小,若跑到脚边一不留神,很易踩到它。再者,独自看家时,易误食异物或误触电线造成触电等意外。所以,还是让它进狗笼比较安全。

◆准备食器和便器

幼犬来到新家后,马上会用到的东西是食器和便器。

食器要准备两个,分别用来吃饭和喝水。一般的宠物用品店都会有各种小型犬专用的小食器,以不易打翻、不易摔碎的最适合。

在幼犬来的第一天,就要进行入厕教养,故便器一定要预先准备好。最

要为吉娃娃营造一个舒适的家

吉娃娃很怕冷，特别要注意保暖

好使用塑胶材质，如盘子状的犬用便器。里面铺上宠物垫，教它在这里大小便，它能理解便器和睡铺的区别。

◆ 准备御寒的电暖器

吉娃娃犬是相当怕冷的犬种，最好在它的起居室放置宠物专用的电暖器，加强御寒效果。这类的电暖器附有耐用耐磨的电线，即使狗狗误咬，也不至于造成意外。不过，狗狗对热度的感应力似乎不太敏锐，有时会发生烫伤。所以，温度最好设低一些比较安全。

◆ 选择合适的地板

塑胶地板最适合。塑胶地板防水性佳，容易打扫，即使狗狗在上面大小便也好清洗，对狗狗足部也没有负担，而毛茸茸的地毯很容易让狗狗的指甲勾到，也不容易清除上面的狗毛。

◆ 带回时尽量消除其紧张感

带幼犬回家时不能忘记的是，当天尽可能在中午之前把幼犬带回家，因为要幼犬和一直生活在一起的手足或父母分开，突然来到一个全然陌生的环境，会让它十分紧张。尤其如果天黑以后才到新家的话，更是让它心生不安。要带它回家时，可向原饲主要一条原来铺着睡觉的毛巾，带回家里铺在睡铺上，让它闻着毛巾的味道睡觉，可让其更安心。

◆ 初入家门的特别照料

回家要顾及幼犬的心情,因为幼犬容易晕车,要带回家的当天先不要吃早餐。为谨慎起见,出发前1小时可以吃点晕车药。上车时用毛巾裹着幼犬,轻轻抱着它坐在膝盖上,同时要准备塑胶袋或报纸,预防狗狗突然呕吐或大小便。到家之后,先让它去睡铺好好地休息,稍后不要急着去抱它或摸它,以免它太紧张而弄坏肠胃。当天的饮食只要喂一半就好,如果没有食欲不想吃,光喝水也没关系。等它睡一觉,精神比较好,想跟你亲近时,再好好地呵护它。其他像原来的饮食习惯或健康状态,要向原饲主问清楚,尽可能地保持原来的生活习惯。此外,记得询问幼犬曾注射过哪些疫苗,何时可以取得血统证明书。

吉娃娃犬的成长过程

◆ 出生时

体重约100克,身高约4厘米,从出生到断奶期之前的20多天是吉娃娃犬的婴儿期,到出生后15天左右体重增至刚出生的2倍,大约第3周时

刚出生的小狗还未睁开眼睛

能睁开双眼,第 25 天时眼睛能看见东西,对外界声音开始有反应。到第 4 周时能自己站起来,不久就能步履蹒跚地挪步了。

◆ 60~90 天

体重 600~800 克,身高约 12 厘米。出生后大约 55 天断奶时,乳牙长全,动作变得敏捷,丰富的感情表达让人爱不释手。这一幼儿期大概持续到 90 天龄。在此期间,可以让幼犬离开母犬,前往新的家庭。

◆ 90 天至 6 个月

体重 1~1.5 千克,身高约 16 厘米。吉娃娃犬 90 天龄前后进入少男少女时代,这时乳牙开始脱落,取而代之的恒牙在大约 6 个月龄时长齐。趁它年少心地单纯之际,要训练它在人类社会中生存的规则。

◆ 6 个月至 2 岁

体重 1.8~2.5 千克,身高约 20 厘米。这个时期是吉娃娃犬的青年时代,体态日趋丰满,智力发达,从 6~10 月龄期间,迎来性生理成熟期。尽管体型超小,但充实的成年期将从这一时期起长达 5 年之久。

幼年期的管理（60~90天）

◆ 突然改变饮食会影响幼犬健康

对于刚带回家的幼犬，前几天时间的饮食应与之前吃的一样，如果吃狗粮要选相同品牌，而且喂食的分量、次数和时间也要一致。这是为了避免突然改变饮食内容，影响了幼犬的健康。所以，带狗狗回家时，可向原饲主

要一些它原来吃的狗粮，一开始先给它吃这些狗粮。不要一下子就全然更新饮食内容，可以一面减少原来的口味，一面增加新的内容，约花一周的时间慢慢调整为新的狗粮。

◆ 适当控制幼犬的饮食量

一般来说，出生30～90天之内的幼犬，一天的分量要分四次喂食。因这时幼犬的胃容量小，消化功能还不完善，少食多餐是最佳的饮食方式。饲主要注意：这时期经常拉肚子、软便或呕吐的幼犬，以后恐成营养失调、发育不良的成犬！和它那娇小的体型相比，吉娃娃算是很能吃的狗狗；只要你给它的，它会全部吃光，但这样反而容易引起腹泻或肥胖等后遗症。每天应当观察幼犬的排便情形，如果食物常吃不完，就要减少分量，以避免吃太多。

◆ 正确的饮食要诀

每天在同一时间、场所，用同一狗碗喂食。这是为了让狗狗记住想吃东西时，只能在这个时间、这个地点，用这个狗碗进食。

一发现它边吃边玩，即使它还没吃完，还是要收起狗碗，要求它在10分钟内结束用餐。

幼年期1天喂食的次数与分量

早上7点左右	一般的分量
中午12点左右	一般的分量
傍晚6点左右	一般的分量
晚上10点左右	一般的分量

注意：减少喂食次数时，要逐渐进行。每天逐渐减少的那一餐食量要增加到其他餐的分量中。用一周左右的时间改变喂食次数让幼犬逐步适应。

培养狗狗良好的饮食习惯

不要随意变动饮食的内容。若心疼它缺乏食欲，给它特别可口的食物，它可能会不吃原来的东西了。

除了训练时给它少量当作奖赏之外，不要让狗狗吃零食，应该训练成即使没有零食也很听话的狗狗。

弄好的食物不要马上给它吃，先训练它在狗碗前面坐下或等一下，效果很好。狗狗为了想要早点吃到食物，就会拼命地学习这个动作。

◆ 狗狗成长速度很快

发育中的幼犬平均1千克体重所需的热量为成犬的两倍。在幼犬1岁相当于人类18岁的快速成长期，一定要供应充足的热量。当然狗狗所吃的食物里面，也要包括各式各样的均衡营养。如果是品质良好的干狗粮，在营养方面已作过严密的估算，不会有营养过剩的疑虑。像幼犬骨骼发育不可或缺的钙质或维他命D，若吃太多，会引发拉肚子或便秘，使用时要特别当心。

◆ 精力旺盛好奇心强

出生超过30天的幼犬，体重为刚出生时的4倍左右。而出生40多天的幼犬，乳牙逐渐长齐，50天以后，动作更为灵活，开始呈现丰富的情感与旺盛的好奇心。这时的幼犬喜欢在屋子里跑来跑去，在旺盛的好奇心和探索心驱使下，不管看到什么东西都想咬一咬、闻一闻，以判断那究竟是什么东西。

幼犬在7~8周大之前长齐乳牙，长齐的乳牙会逐渐换成42颗恒牙，这段期间因为牙齿又刺又痒，狗狗会看到什么东西都想要咬一咬。可以给它一些怎么咬都无妨的犬用橡胶玩具，帮它度过这

要让狗狗快速地融入人类生活

个时期。

狗出生到 1~2 个月大期间,不仅是体格也是性格发展的黄金期。这时的幼犬如果没有获得充分的关爱与保护,长大后容易变成个性有缺陷的狗狗。所以,既然把它带回家了,饲主就该好好地照顾它,给它最充分的关怀。

◆ 教导幼犬认识人类社会的常规

正常来说,出生 2~3 个月大以后的幼犬,骨骼越来越结实,透过与母狗或小狗伙伴们的嬉戏互动,学习狗狗社会的常规。不过,这个时期正好也是幼犬被带到饲主家的好契机。如果幼犬老是呆在狗狗的社会里,将会无法适应人类社会的常规!

这时期的幼犬适应力很好,即使来到一个崭新的社会,也能尽早适应新的环境。对饲主家庭来说,好好教导幼犬有关人类社会的种种常规,是义不容辞的责任与义务。很多人类看似理所当然的事情,对幼犬来说可能是一片空白;请不要操之过急,发挥最大的耐性好好地教导它。至于那些容易被幼犬误咬而发生危险的东西,一定要收拾干净。

◆ 给狗狗身心健全的生活

对于出生超过 90 天以上的幼犬,各地的养犬管理条例规定饲主有义务在开始饲养的一定时间内,到当地的犬只管理机关进行登记。每年饲主要带狗狗去动物医院注射狂犬病疫苗,这也是法律上规定饲主应有的义务,动物医院全年都有这样的服务。完成登记后,即可取得狗狗狂犬病牌和相关身份证。

◆ **及时注射疫苗**

这虽不是法律上规定饲主的义务,但为了狗狗的健康,饲主还是应该让狗狗完成狂犬病之外的各种疫苗注射。因疾病的不同,狗狗应该注射的疫苗当然也不一样,从一次注射即可预防三种传染病的三合一疫苗到八合一疫苗都有。而且依狗狗的体质或生活环境的差异,应注射的混合疫苗也不同。幼犬期需注射三次,以后每年追加注射一次。

幼年期须预防的传染疾病

疾病名称	症状	预防方法
犬瘟热	持续性的发烧、咳嗽、流鼻水、血便、脱水症状等;严重时会出现痉挛的神经症状,甚至导致死亡	可在出生的50~60天与90天间,进行第1、2次注射;此后每年注射一次活疫苗加以预防
犬传染性肝炎	症状为发烧、食欲不振、下痢、呕吐、腹痛等。常与其他的病毒性传染病合并,好发于幼犬,严重时导致死亡	注射活疫苗加以预防。犬瘟热(D)和犬传染性肝炎(H)两种混合疫苗(DH疫苗),现在已十分普及
犬病毒性肠炎	肠炎型出现剧烈呕吐、下痢或血便、脱水;心肌炎型导致心脏麻痹猝死,两者的死亡率都很高	一年两次注射这种病毒的不活化疫苗效果最好,不要让狗狗随便舔食其他犬只的排泄物
犬钩端螺旋体症	持续严重的下痢或呕吐,病情恶化时出现血便或血尿,还会造成肾功能失调导致死亡	可以注射在犬瘟热与犬传染性肝炎疫苗中,加钩端螺旋体不活化疫苗(L)的DHL疫苗
传染性支气管炎	病犬不断咳嗽、流鼻水,体力快速消耗,幼犬等抵抗力差的狗狗容易死亡	注射腺病毒第Ⅱ型疫苗,狗屋或狗狗经常活动的场所要保持清洁
狂犬病	攻击中枢神经,造成全身麻痹。患者或病犬走路会摇晃、口水流不止、出现咬牙切齿状,死亡率高达100%	每年春天注射一次狂犬病疫苗,各地机构都会举办集体注射
犬心丝虫症	有咳嗽、血尿、贫血、腹水等症状,血液循环不佳,侵袭心脏为首导致其他脏器衰竭	除初次过夏天的幼犬外,做完血液检查可服药预防,此种疾病以蚊子为媒介,要特别加强驱蚊

◆ **血统证明书是狗狗的身份证明**

血统纯正的狗狗于犬业协会登记后,可取得此团体发放的血统证明书。上面除了记载有关此犬的出生年月日、登记号码、繁殖者姓名、所有者姓名之外,至少还要记入三代14只祖先犬的名字或参展的冠军资历,这对日后的配种繁殖有着极其重要的作用。

少年期的管理(90天至6个月)

◆ **生理发展变化**

在如人类少年的这个时期,也正是狗狗身心快速发展的时期,在狗狗这一生最重要的时期中要为它提供均衡营养饮食。在留意健康管理的同时,还要好好地关怀它,让它学会与人共同生活所需的常规或态度。这时期的狗狗地盘意识强烈,它会明确显露出想保护自己和主人生活的这个家与其周围的念头。所以,对着家里的陌生人或经过屋外的人狂吠,都是这种地盘意识的表现。

虽说吉娃娃因为个头小,叫声也小,不太引人注意,但是让它不要乱吠的教养仍不可缺。除此之外,还要注意室内的温度,让吉娃娃健康地成长。

夏季可将吉娃娃放在阴凉处玩耍

少年期1天喂食的次数与分量			
	2~3个月	4~5个月	6~7个月
早上7点左右	一般的分量	一般的分量	一般的分量
中午12点左右	一般的分量	比平常少一些的分量	比平常少一些的分量
傍晚6点左右	一般的分量	一般的份量	一般的分量
晚上10点左右	一般的分量	不喂也可以,喂的话分量要很少	不喂

注意:减少喂食次数时,要逐渐进行。每天逐渐减少的那一餐食量要增加到其他餐的分量中。用一周左右的时间改变喂食次数让幼犬逐步适应。

◆寒冷季节注意保温

原产于中美洲等热带国家的吉娃娃,比较耐得住夏季的酷热,而畏惧严冬。一年之间,适合吉娃娃生活的室温以24~25℃为宜。冬天的时候,除了保暖的毛巾或毯子,最好加个宠物用电热垫帮它驱寒。不过要注意,别让它误咬电热垫的电线,并且留意睡铺四周有无缝隙灌入冷空气。

◆炎热季节注意防暑

吉娃娃尽管不很怕热,但对吉娃娃之类的短鼻犬种来说,炎热的夏天还是很难受。特别是长时间关在通风不良、热气汇聚的房间,它容易中暑,甚至死亡。所以,留它独自看家时,一定要特别注意这点。

但为了消暑就一直开着冷气,这也容易让吉娃娃感冒。尤其冷空气常吹到房间的底层,而狗狗又比人更贴近地面活动,加上吉娃娃体型小,没多久就会觉得冷了。因此,只要人稍微感到有些凉意,就可以暂时关掉冷气,只有如此细心调整室内的温度,才能让狗狗安心度过炎热的夏季。

还需注意的是,当夜深了每个人都回自己的房间睡觉后,别忘了在吉娃娃睡觉的地方调节适当的温度,并稍微打开窗户保持通风。

◆常换洗睡觉用的毛巾

夏季是蚊蚤好发的时节。吉娃娃的皮肤非常敏感,容易患皮肤病,睡觉的地方一定要保持清洁。用来铺在睡铺上的毛巾也要经常换洗,当然冬天也不可掉以轻心。

◆ **吉娃娃犬的营养标准**

蛋白质、脂肪、碳水化合物这三大营养物质对于犬来说是最重要的,维生素、矿物质对犬的健康也不可或缺。营养物质摄入过多或过少都会给身体健康带来影响。因此,我们应该对此有足够的了解。

犬专用犬粮既方便又花费不多,吉娃娃食量小,选用小型

例如,犬对形成血液及身体组织、能量的主要成分之一的蛋白质的需求量约为人类的4倍;相反,犬对于脂肪的需求量就比人少得多。当摄入脂肪不足时,常表现为体重减轻,毛色缺乏光泽等;而脂肪摄取过量,则容易造成肥胖。

碳水化合物也是热量的重要来源,但如果摄取的脂肪和蛋白质已经可以满足需要,所需要的碳水化合物就不多,况且摄入碳水化合物过多也是造成肥胖的另一个重要原因。

维生素对生长发育的平衡起着不可替代的作用,但犬可以自己在体内合成维生素C,我们应注意给其补充维生素A、维生素B、维生素D和E。应多喂食含这几类维生素的食品。

市售的专用犬粮中已配有适量的各种维生素,所以喂专用犬粮可不必担心维生素缺乏。从吉娃娃犬的健康着想,给它服用维生素应该慎重。比如维生素D,若摄取不足或过量摄取,对犬的健康都会造成不良影响。

另外,钙、磷、钾、钠等矿物质可以促使犬的机体更具有活力。上述矿物质中钙对形成骨骼具有不可替代的作用,因此必须保证均衡摄入矿物质,尤其不能缺钙,否则易患软骨症,不能构成方正的体躯结构。

◆ 饲喂专用犬粮

专用犬粮是按照犬的营养要求,专为犬研制的全营养食品。专用犬粮分为大型犬、中型犬、小型犬专用犬粮,这几种犬粮又分为硬型专用犬粮、中软型专用犬粮、

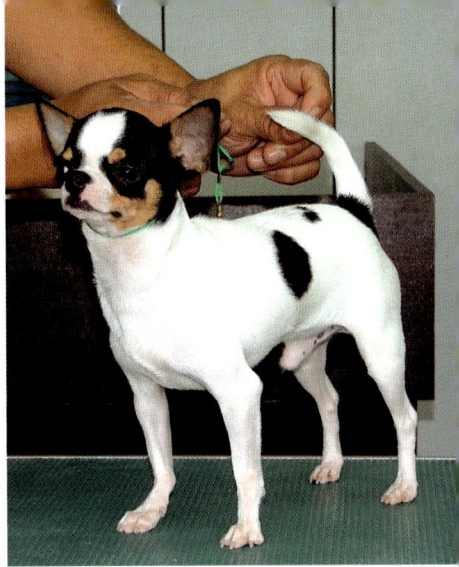

软型专用犬粮三种,吉娃娃适合用小型犬专用犬粮,每天喂专用狗粮并无害处。

如果采用专用犬粮喂养,最好是从幼犬开始,因为犬的许多习惯在幼犬时就已经形成了。刚开始可以买几种专用狗粮试着喂,然后从中选定它比较喜欢的一两种,作为它的固定食谱,如没有特殊情况,一般不要轻易改变。

有些人误以为每天光喂一两种犬粮,就算是再理想的配方狗也会吃烦的,于是自作主张,更换犬粮种类,以为丰富了狗的餐桌。但是要知道犬和人不同,并没有想吃这想吃那的欲望,只要它爱吃,身体上也没有什么毛病,就应该坚持喂它吃惯了的东西。

硬型专用狗粮的水分含量在10%以下,大多呈固体块状,所含营养成分较丰富,经济性也较好,属于最普通的一种类型。中软型专用狗粮也称为半熟型狗粮,含水量30%左右,因为较软,适合于幼犬和老犬食用。软型狗粮中水分占70%以上,是用肉、鱼加工成肉糜状,俗称美食型专用狗粮,做成罐头,可以长期保存。

◆ 仔细观察狗狗的饮食

3个月大之后的幼犬,胃容量变大,消化机能也比以前发达,一天的饮食可以分成早、午、晚三餐进食。这时期的分量以八分饱最恰当。有些狗狗吃完以后,会有还想再吃的念头,试着拿走狗碗,如果它觉得无所谓开始玩了起来,就表示没有关系。万一它还是在原地徘徊,一副不满的样子,这表明有可能是分量不足!

其次，从大便的状态也可以观察狗狗饮食分量够不够：便便太软表示可能吃得太多，太硬的话可能是没吃够。这时要将幼犬专用奶粉，慢慢换成一般的奶粉，但千万不要突然改变，否则会引起消化不良！

◆ **喝水是狗狗维系生命的重要环节**

除了饮食，水也是狗狗不可或缺的食物。和人类一样，狗狗身体的水分会透过大小便、呼吸、喘息或脚底的汗腺流失，如果在48小时以内没有补充水分，会引发脱水现象。所以，饮食固然重要，喝水也是狗狗维系生命的重要环节。记得在同一个地点，常帮狗狗准备足够的新鲜水源。不过，水喝太多也可能影响狗狗的健康。所以，每次加的水应该适量，并留意它喝水的情形。

◆ **有些食物会危及狗的健康**

有些食物对吉娃娃犬是不合适的，对此我们应有所了解。一般不宜喂生肉，易引起寄生虫病；喂鱼也最好应当煮过或者选用罐头鱼，而含脂肪较多的鱼不好消化，不能给它吃；虾、蟹、墨鱼、章鱼等吃了容易引起消化不良，也不能喂犬吃。

狗爱啃骨头，但若是为补充钙质需要给它喂食骨头的话，以牛骨、猪骨为好，而鸡骨就不合适。鸡骨比较脆，咬碎后的小片的尖端特别锋利，犬吞下后容易划伤胃和肠。鱼刺也和鸡骨一样危险，所以不应让它吃，但做成罐头的鱼因为刺已经酥脆了，所以问题不大。鸡腿、鸡胸肉等含有丰富的优质蛋白质，但缺点是含磷过多，很容易造成新的营养失衡。

胡椒、辣椒、花椒、葱蒜、生姜等调味刺激性食品会影响犬的嗅觉灵敏度，还会引起炎症，所以不可喂它。

不能喂它吃的还有洋葱头，洋葱头吃多了容易引起中毒，易损害骨髓，引起多溶血性贫血，其症状为食后一两天内会排出浓茶色的血尿，伴有痢疾和呕吐，对此应特别注意。

巧克力会刺激狗狗的中枢神经，引起痉挛或呕吐。再者，狗狗不易借着排汗排出多余的盐分，所以，太咸

的东西也不要给它吃。

此外,不能喂犬甜味食品及让犬摄入过量维生素C。甜食极容易导致肥胖,也容易造成钙的吸收不足和龋齿病;特意喂犬含维生素C的新鲜蔬菜和水果,容易引起消化不良。

◆ **常带狗儿外出散步**

吉娃娃犬属于体型超小的犬种,光是让它在室内自由地跑来跑去,运动量就已经足够。不过,为了吉娃娃犬的身体健康着想,适度的日光浴仍然需要;同时为让它习惯外面的世界,每天的散步更是重要。从另一方面来看,娇小的吉娃娃带点神经质,心里如果藏着压力很容易生病,所以,早晚凉快的时候,要带它去

外出散步有益于身心健康

外面散步。但是,4个月大以后再带出去散步比较好,以免增加感染各种传染病的危险。

◆ **4个月大以后再带出去散步的理由**

幼犬出生时从母狗身上所吸吮的奶水,称为初乳,初乳提供了充分抗体以对抗疾病。幼犬50~60天大之后,这些抗体会逐渐消失,所以,为了让狗狗的体内形成抗体,必须给它注射疫苗。不过,如果幼犬的体内还残留一些免疫力的话,疫苗的抗体就无法发挥功效。因此,等幼犬60天大可做第一次疫苗接种,15天后再做第二次接种,再隔15天接种第三次,具体请参照各种疫苗说明操作。要注意的是:接种之后约30天疫苗才能发挥最好功效;如此算一算时间,幼犬大概要3~4个月大以后才能带出门。

当然这些抗体也会随着时间的过去逐渐失去功效;故从第二年开始,每年要追加注射疫苗一次(国产两次)。

◆ **6个月大以后套上牵绳运动**

刚开始带吉娃娃出去时要抱着它,让它看看各种东西,听听各种声音,

认识外面的世界。更重要的是,让别人对它说说话或摸摸它,帮它学习与人类沟通的方式。等它慢慢习惯了,再带它去公园等安全的地方玩耍;直到幼犬6个月大以后,再套上牵引绳出门散步。在这之前,幼犬的骨骼发育还不是很完整,过度用牵绳拉扯它的身体,会让骨骼变形。

饲主带狗狗散步时,会发现它经常半途停下来,对着电线杆闻闻上面的狗尿味,然后再撒上自己的尿,这称为"做记号",是狗狗为了确定自己活动范围的习性。性征成熟期的公狗,也常出现这种行为。不过,接触其他犬只的尿,也可能传染疾病,要多加注意。

青年期的管理(6~18个月)

◆心理与生理渐趋成熟

吉娃娃2岁大就算是成犬,在6个月至1.5岁期间,称为青年期,是身心都迈向成犬的准备阶段。吉娃娃通常在10个月大左右具备了成犬的体

型,接下来包括内脏在内的身体各部位也一天天茁壮成长。

6个月大以后的吉娃娃,可加上牵绳出门运动。不过,不少狗狗都会讨厌而抗拒套在脖子上的项圈和牵绳。这时不要着急,也不要骂它,只要它慢慢习惯戴上项圈和牵绳,运动的距离也可以逐渐加长!

青年期1天喂食的次数与分量	8个月至1年	1年以上
早上7点左右	一般的分量	一般的分量
中午12点左右	不喂食	不喂食
傍晚6点左右	比平时少一点的分量	不喂也可以,喂的话分量要很少
晚上10点左右	不喂食	不喂食

注意:减少喂食次数时,要逐渐进行。每天逐渐减少的那一餐食量要增加到其他餐的分量中。用一周左右的时间改变喂食次数让幼犬逐步适应。

散步回来后,记得用刷子刷掉它身上的污垢和灰尘,然后再喂它吃东西。如此每天于相同的时间做同样的活动,建立有规律的生活,这对狗狗的健康很有帮助。

◆ **不用于繁殖时做绝育手术**

吉娃娃母犬于8~10个月大之间,初次迎来发情期,这称为性征成熟期。母狗开始具备生殖能力,可以和公狗交配,在这之后每6个月左右有一次发情期。至于公狗,会比母狗晚2~3个月才具有生殖能力。和母狗不同的是,公狗没有明显的发情期,一年之中随时处于可以交配的状态,只要闻到发情中母狗的味道,就能勾起它的交配欲望。所以,为了避免家里的公狗到处留情,或频频于散步途中撒尿做记号,如果饲主不考虑繁殖幼犬的话,最好帮公狗和母狗做绝育手术。

公狗只要在性征成熟之后,任何时间都可进行绝育手术;母狗要等性征成熟,身体也发育成熟以后再绝育,通常在第一次或第二次发情之后的3~4个月后,为母狗最佳的绝育手术期。不过,动过手术的狗狗容易发福,记得多运动,不要吃太多。

◆ **喂以营养均衡的干燥型狗粮**

青年期以后的幼犬,是迈向成犬构成强健骨骼的重要阶段,这时期的食量比幼犬期大，一天要喂早、中、晚三餐（中餐可喂少一点）。等它8个月大以后，固定喂食早晚两餐。2岁之后进入成犬阶段，一天只喂一餐也可。不过因为吉娃娃体型很小，长时间空腹的话，无法保持足够的体力，加上肚子过饿就会吃很多，反而会弄坏胃肠，所以吉娃娃还是一天喂两次比较恰当。

至于狗粮的选择性有很多，但以具有均衡营养、价格便宜、容易保存的干燥型狗粮最适合。这种狗粮涵盖了狗狗所需的营养成分，无须另外添加其他营养食品。选购时要认清楚包装上成分是否标示清楚，有标志的才是品质优良的狗粮。

干燥型狗粮除了营养均衡，还有强固狗狗牙齿或下颚的优点。但美中不足的是，狗粮为增加色香味，或延长保存期限而加入的添加剂，有可能是造成狗狗"泪痕"，即眼睛下面茶褐色的毛的原因。所以，一定要选择品质优良的产品。

通过观察狗狗的体重与胖度判断其营养是否均衡

◆散步不要用力拉扯狗狗

像吉娃娃犬这种超小型的犬种,也和大型犬一样,需要散步教养等训练;通过散步教养,可以让它对饲主的服从性更好。不过,因吉娃娃犬的体型实在太娇小了,有时无法配合饲主的脚步行走,这时千万不要不耐烦地用力拉扯牵绳,只要轻轻地拉一拉项圈,聪明的吉娃娃犬就会调整步伐和你一起走了。

散步时牵绳应处于放松状态

散步时以早晚各 20~30 分钟即可。进入成犬期之后,即使下着小雨带它出门也无妨,不过散步时间可以短一些。回家以后,用热毛巾擦拭狗狗的身体,然后再以干毛巾拭除多余的水气。

◆游戏或运动可消除压力

吉娃娃犬很喜欢嬉戏,散步时可带它去公园等安全的地点,拿掉牵绳让它尽情地奔跑玩耍,或者是和它玩玩短距离的捡球游戏。这时,泥土地面会比一般的水泥地让它更省力,对身体没有负担。

在公园若碰上其他饲主带来的狗狗,也可让它们好好玩一玩。对一直要适应人类社会常规的狗狗来说,与同伴间放松地嬉闹、逗趣,都是缓解心中压力的好方法!平常在家的话,给狗狗一些专用的玩具,它也可以自己玩得很开心;对着玩具咬咬闻闻,不仅可以打发无聊的时间,嗅觉和触觉也能获得一定的满足感。不过要注意,玩具如果太小怕让它误食,不宜给它玩。

老年期的管理

◆饮食以高蛋白低热量为主

一般来说,狗狗一上了年纪,肾脏或肝脏等机能每况愈下,消化功能也越来越差,所以,容易消化、高品质蛋白、低热量的食物最适合老狗食用。如果吃狗粮的话,要选老狗专用的产品。老年的吉娃娃食欲还是很旺盛,对食物仍有执著的一面,但是要小心别让它吃太多。如果牙齿已经脱落,或下颚松软无力,可以在狗粮里加些牛奶或汤汁,把食物弄软一些,方便老狗食用。

◆ 仍需适度的散步

上了年纪的吉娃娃犬行动越来越不灵活,睡觉的时间变多,这么一来,运动量不足会导致食欲不振。反之,也可能因为不爱动反而更贪吃,而变得更胖。所以,饲主还是要每天带它出去做适度的运动。如果是10岁以上的老狗,隔一天出去一次也无妨。

散步除了稍微延缓肌肉的衰老速度,促进血液的循环之外,还能让老狗做个日光浴,消除心中的压力。不过,如果它真的很不想动,还是不要强迫它比较好。

◆ 需定期做健康检查

对于行动越来越不方便的老狗,饲主要更加留意它的睡觉地点或室温,给它一个冬暖夏凉的居住环境。虽说这时老狗的体毛日渐无光,每天刷毛仍是体贴它的例行工作,这不仅能刺激皮肤,促进血液循环,还可预防皮肤病,维持狗狗的健康。老狗因牙齿不好习惯吃软的食物,很容易形成牙结石,导致严重的齿疾,所以,吃完东西记得帮它刷刷牙,消除牙垢。此外,要定期带老狗进行健康检查,及早发现眼疾、关节炎、心脏病、糖尿病等疾病。

吉娃娃犬的训练

训练有助于增加与狗狗的感情,让狗狗懂得必要的规矩。当吉娃娃有3个月大时便可开始训练了,这一阶段训练可塑性强。

拉扯牵绳是常用的机械刺激

训练的基本方法

机械刺激法 机械刺激法是利用机械的手段,迫使犬做出一定动作的方法。吉娃娃犬外出散步时,有的犬喜欢在主人前面乱跑乱跳,这样不便于主人的掌握与指挥。为了把犬控制在自己身边,给犬上牵引带,使它不四处乱跳。通过牵引绳的机械刺激,使犬养成在主人旁边前进的习惯。

食物刺激法 食物刺激法是以食物来刺激犬做出一定的动作的方法。它可使犬愿意执行、完成动作,同时也可用来巩固条件反射。此法运用得当,可使犬积极参加训练,很快学会所教的动作。但是奖食不能过分,否则影响训练效果。

食物刺激有助于建立条件反射

机械刺激和奖励相结合训练法 这种方法是训练中最常用的方法。当它按主人的要求准确地做出一定的动作时,如能得到主人的奖励(给犬爱吃的食物或抚摸等),则等于告诉它主人希望它这样做,鼓励它继续完成,并巩固这一动作。单独使用机械刺激法训练时(如急拉牵引绳),犬对这一动作的接受就是勉强的。如果将机械刺激法与奖励法相结合,可以达到奖罚分明,使犬知道该干什么,不该干什么。

训练的基本要领

为使狗狗都能根据主人的口令、手势顺利地做出动作,准确地完成主人的指令,必须正确掌握训练要领,使狗狗迅速形成良好、稳定的条件反射。

◆ **诱导**

诱导就是在训练中利用食物、物品、自身行为以及其他因素,诱导犬做出某些动作,借以建立条件反射的一种手段。此法能引起犬的食欲兴奋,尤其是犬爱吃的食物,犬就比较容易兴奋,从而积极参

利用狗狗喜欢的玩具吸引注意力

加训练,能较快地学会动作。由于这种刺激是主动的,犬做出的动作就自然活泼,愿意执行,特别是对于几个月大的幼犬训练效果较好。但其特点是,不能保证狗狗在任何情况下都能按要求顺利准确地做出动作,尤其在方法使用不当时,如奖食过分等。

使用诱导时要掌握好时机,应与一定强度的强迫手段相结合,这样既可保证训练的顺利进行,又可保持犬的兴奋性。防止以诱导代替口令和手势的做法。

要防止因诱导而产生不良联系,如易养成狗狗有食物诱导才听口令完

强迫时口令与动作要一致

成动作,这是由于训练中不注意而造成的。

要根据犬的神经类型、特点适当运用,对于沉着、安静、不太兴奋的犬可多用,而兴奋、灵活的犬宜少用。

◆ **强迫**

强迫是使用机械刺激和威胁音调的口令,迫使犬准确地做出动作。强迫的方法主要用于每

一个训练动作的初期,即为了加强形成条件反射,或在外界诱因的影响下,预定动作进行不下去时使用。

运用强迫时,要注意及时、适度,口令和相应强度的机械刺激相结合,与奖励相结合。过度的强迫易引起的抑制和影响对人的依恋性。当犬做出正确动作后,为缓和犬的神经状态和巩固条件反射,要给予充分的奖励(给食或抚摸)等。

◆ 禁止

这是为了制止犬的不良行为而采取的一种手段。它是用威胁音调发出"非"的口令,同时与强有力的机械刺激相结合使用。如犬追扑小家禽,随地捡食或乱朝人吠叫时,就应发出"非"的口令,同时结合使用强有力的机械刺激加以制止。

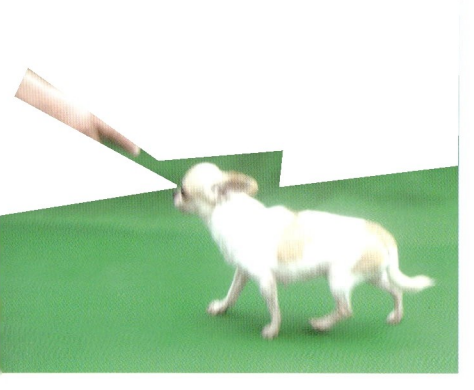

制止犬的不良行为时,态度必须严肃,制止一定要及时,最有效的时机是当犬有不良行为表现时立即制止。态度严肃决不是打骂的代名词,每当犬闻令即止时,要给予奖励。

◆ 奖励

奖励是为了强化犬的正确动作,巩固已培养成的能力,调整犬的神经状态而采取的一种手段。奖励的方法有给食、抚摸、准予游散和表扬(发出"好"的口令)等。一般在训练的初期,为了使犬迅速形成条件反射及巩固所学会的动作,都应采用给以食物、轻轻抚摸为主,结合表扬给予奖励。

奖励必须及时,并应根据不同情况,采用不同的奖励方法。奖励时,主人的态度必须和蔼可亲。

奖励狗狗时,主人的态度要亲和

训练的要诀

◆ 多加赞美适度惩罚

犬按照主人的命令完成了某一动作并受到你的褒奖时,它会表现出超出我们想像的喜悦和满足。

所以主人应当更多地对它进行表扬和鼓励,并把其当作训练教育中的基本原则。责骂过多会使犬变得迟钝。如果照一次斥责九次褒奖的比例来对待,多给它一些表扬鼓励的话,狗就会表现出越来越强烈的学习热情。

奖励能有效地缓和犬只紧张的神经状态

◆ 斥责与褒奖都应当场进行

当狗做出什么不该做的事时,须及时训斥几句,如果过了这一阵再斥责,它就已经记不起自己是因为什么事挨批。奖赏它时也是如此,如果过了这个时候,可能达不到褒赏的目的。

◆ 口令与动作配合一致

当犬做了什么不应该做的事时,要叱斥它一句"不准",而当它按照主人命令执行了以后,要夸它一句"真棒",并摸摸头,拍拍身子以示爱抚。这些基本口令应短促、易分辨,一旦选定应统一。与此相对的则是用手势明确无误地显示主人的态度。例如在发出"不准"这个叱斥性声音的同时,可以用摊平的手掌面对狗的眼部,呈制止手势对它进行警示。如果这个动作仍无法使它领会,可以伸出手掌在狗的鼻部轻轻点它几下。

其他制止性动作诸如用报纸卷成长筒状轻轻敲打几下等等也很管用,但要注意不能打得过多过重,过于严厉的体罚可能对有些悟性较强的狗的性格造成损害。

训练应有耐心,循序渐进

◆ 训练中态度要统一

在对它的教育训练上一家人应持同样的认识,采用统一的口径。当然,最好指定一个人主要负责对它的训练,但必须统一掌握在什么情况下斥责它,什么时候褒奖它。对它做出的某一件事,如果有人态度暧昧,有人却出来斥责,它就会很迷惑,搞不清这件事到底是对还是错,该做还是不该做。同时在训练中间对同一动作的训练口令动作要规范化,前后要一致。

幼犬的基本训练

◆ 增加体质

在幼犬3月龄前,选一片较为平坦清静的场地,带幼犬出来散步,并进行适当的奔跑或让它与小孩相互追逐嬉耍和跳跃。对于3月龄后的幼犬,可选一片自然条件较为复杂的场地进行小跑。奔跑的速度不要太快,要视犬的体质强弱而定,由慢到快,有间歇地进行,以不使犬过分疲劳为宜。

专家提示

获得狗狗信赖是训练的前提

只有狗狗对饲主产生相当的信赖感时,它才会认可饲主为自己的领导者。而且,饲主要在日常生活中握有主导权,狗狗才不会为所欲为。像吉娃娃这类的小型犬很会撒娇,如不好好训练它,它反而会恃宠而骄,以为自己才是老大,饲主须小心为是。

◆ **适应环境**

犬主有目的地选择特定环境进行幼犬散放来进行适应环境的训练。在白天散放时,有目的地带幼犬到较清静的环境,再逐渐带至较复杂的环境。带幼犬去接触特定物体,如其他狗狗、烟火灯光、车辆,以及其他不常见的物体。

在进行环境锻炼时,犬主应不断鼓励诱导犬,切忌强拉硬扯。对胆小的幼犬,应特别耐心而持久地进行慢慢诱导,以免个别幼犬出现"音响恐惧症"和"惧物症"。

◆ **兴奋性培养**

兴奋性的培养主要是通过玩耍来进行。

利用吉娃娃犬生性活泼的特点,用抚拍、挑逗、翻滚等方法与幼犬玩耍,以培养其兴奋性。同时,在幼犬的犬屋内,可添置一些玩具供幼犬玩耍。

◆ **过来训练**

"过来"是训练狗狗听话的重要训练之一。如果狗狗听到主人喊它的名字叫它"过来",它就会自己乖乖过来的话,跟狗狗的相处应该会更融洽。确保不论在什么状况下,狗狗都会乖乖听话,不管在室内,还是室外,都非常服从。

利用玩具诱导训练

a.与狗狗保持一段距离,用狗狗喜欢的玩具吸引它的注意力,再呼口令"过来"。

b.过来时,让它玩玩具,再继续训练,直到不用玩具听到口令后能快速过来为止。

利用牵绳刺激训练

a.先让狗狗在原地等着,然后呼口令"过来",再轻轻拉扯牵扯绳,引导狗狗过来。

b.等它过来时,要及时表扬。并继续练习,直到其不用牵绳听到口令后能快速过来为止。

小狗狗通常训练的方式有两种:一是利用玩具吸引狗狗过来,另一种是用牵绳诱导它。不管是用哪一种方式,只要狗狗乖乖来到身边,就要好好地赞美它。万一叫它它不过来的话,千万不要对它发脾气,这样做的话反而会让它想逃走,更不敢过来。

◆进狗屋训练

就算把狗狗养在室内,它还是需要一个可以独处、安睡的私人空间。有时候客人来访,或许也要让它暂时回避一下,在这些时候,进狗屋的训练就非常必要。

不管是有屋顶的狗屋或用铁丝网组成的狗笼,里面都要放个毛巾或垫子当作睡铺,再把狗屋放在家人都可以看到的起居室的一角。

通常训练狗狗进狗屋的方法有两种:一是直接轻推幼犬的臀部,让它进狗屋里;另一种是用食物引诱它进去。

等狗狗学会"进狗屋"的训练,让它在里面"坐下"或"等一下",静候下一个指令。

按压身体进行训练

a.把狗狗带到狗屋面前,叫它"进去",同时轻推它的臀部,让它进到狗屋里面。

b.进去后好好地表扬它,如此反复练习,直到它会自动进到狗屋里面。

利用食物进行训练

a.叫它"进狗屋",同时用食物引诱它,等它乖乖进去再给它吃,如此反复练习。

b.习惯后拉长它和狗屋的距离,慢慢减少食物的次数,直到它听到口令就会进去。

◆入厕训练

入厕训练是室内犬必要的训练。一般人都误以为只要把便器准备好，狗狗自然会去那里上厕所。其实饲主若没有好好训练它，它可能会在屋子里随处便溺。一旦它有这种不良习性，想要纠正它可就难了。所以，从带回幼犬的那一天起，就要实施入厕训练。

刚开始训练时，选择一个地点当作固定入厕的地方，在它学会之前不要换位子。当你发现狗狗开始绕圈圈，一副焦躁不安的样子，就是想上厕所的讯号，要马上带它去入厕地点。此外，早上起床或吃完饭，都是想上厕所的排泄周期，记得赶紧带它去。来到入厕点后，再发出"嘘—嘘—"的声音催促狗狗排泄，慢慢地它就会养成很好的入厕习惯。

◆利用喂食训练服从性

狗狗吃饭的规定是每天在同一时间、同一地点喂食。如果它一感到饥饿你就喂的话，会让它无视常规，变得不听管教。要吃饭时，先要求它乖乖坐着，让它等一下再给它吃。或许有人觉得这样狗狗很可怜，其实这种每天的饮食训练，可以培养狗狗的自制性和服从性。

训练狗狗文明进食

a.把食器拿在狗狗头上，让它坐下来，如它坐得很好就好好地表扬它。

b.将食器放地上，对着它的眼睛说，等一下。若它急于过来吃，则把食器拿开，重新训练。

c.听到"吃饭"的命令，再让幼犬过来吃。

如果狗狗吃到一半就开始玩起来，可以把食器拿走不给它吃；如此一来，它下次就会在规定的时间内乖乖把饭吃完。

万一狗狗出现挑食的毛病，还是要把食器拿走，直到下次用餐时间之前时，都不要喂它吃东西。等它肚子很饿时，一定会把食物吃光。

此外，不要随便喂人类的食物给狗狗吃。一旦喂了，下次它看到有人在吃东西，就会有所期待跟在旁边，吃多了容易发胖。

◆ 坐下训练

"坐下"是控制狗狗行动最基本的训练；除了吃饭以外，不论其他各种活动，都需要这个指令掌握狗狗的行为。利用牵绳做"坐下"训练，效果会更好。

首先轻轻拉幼犬脖子上的牵绳，命令它"坐下"，同时压它的腰部让它坐着。如此反复练习，直到狗狗听到命令就会乖乖坐下来为此。

坐下的训练方法

a.饲主在狗狗旁边一只手拉牵绳，一只手放在狗狗的腰部。

b.呼口令"坐下"，轻轻将牵绳往上拉，手轻压它的腰部，让它坐下，若它坐得很好，就表扬它。

◆ 等一下训练

当我们希望狗狗持续某一动作时，可以对它说"等一下"。这个训练可以抑制狗狗强烈的行动或兴奋感，和"坐下"一样，能运用在各式各样的情况。训练时先让狗狗面对着饲主坐下，对着它的脸伸出手命令它"等一下"，饲主慢慢地往后退，看狗狗是否乖乖待在原地不动。

等一下的训练方法

a.让狗狗在自己面前坐下,对着它伸出手命令它"等一下"。

b.主人慢慢往后退,如狗狗还想动,再命令它"等一下"。若狗狗乖乖等着不动时,要好好地奖励它。

◆ 散步训练

　　幼犬6个月大,骨骼充分发育之后才是带它出去散步的好时机。外出时,先让它等着,饲主先出去;回家时,同样由饲主先进门,再让它进来,这可以教它理解行动的主导权在主人身上。

　　散步时可利用牵绳,让狗狗跟在饲主旁边配合饲主的步伐前进,千万

外出散步的训练方法

a. 狗在左侧,开始牵绳拉短些,并对狗说话,让它集中注意力。

b. 刚开始外出散步时,狗会特别兴奋,常会跑到一边去。

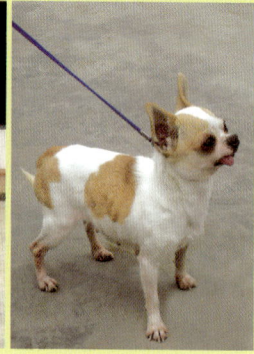

c. 当狗乱跑时,命令它"跟着",并拉一下牵绳。让它回到身边。拉牵引绳不要过猛。

d. 饲主可用小跑步的动作让狗狗在后面追,让它配合主人步伐前进。

不要让它为所欲为跑来跑去。如果刚开始狗狗想要跑到前面去,要命令它"跟着",轻拉一下牵绳抑制这种行为。

饲主也可以小跑步让幼犬跟在后面,教它习惯跟着主人走。万一它想吃路边食物残渣或其他狗狗的便便,更要严厉禁止它"不可以",用牵绳控制它的行动。

◆ 独自看家训练

不论是哪种家庭,总是有全家外出必须让狗独自看家的时候。不过,大部分狗狗都讨厌看家。正常的狗狗一旦被关在里面,大概都是认命地一直睡到主人回家;可是不习惯自己单独在家,觉得不安或害怕的狗狗,会因为感到有压力,而在家里捣蛋或乱咬东西。再者,还可能因为寂寞不断地狂叫,让邻居深感困扰。

为了让狗狗习惯安静地看家,要让它觉得自己看家是很平常的事。而且更重要的是,不管出门多久一定要回家,这样狗狗才会感到心安。所以,先从几分钟、几十分钟的短时间外出,让它练习看家。出门时打个招呼,不要引起它的不安感;回家时也不要和它一样过度兴奋,尽量淡化这个过程。万一它高兴地狂吠,不要骂它或扫它的兴,装作没事直到它自己冷静下来。

让狗狗习惯独自在家

◆ 及时纠正狗狗的坏习惯

狗狗出现行为问题(坏习惯)时,一定有其理由。若不找出原因就随便指责的话,只会让情况变得更糟。所以,碰上问题先不要不分青红皂白地骂它,找出引发这种行为的背后因素,再想办法解决。而且,矫正时一定要确实掌握狗狗的习性或个性,才能找到适当的方法。

狗狗出现问题行为的大部分原因,都与幼犬期饲主的对待方式有关。例如,饲主过度溺爱狗狗,主从关系颠倒变得不听话;或者是做错事也不骂它,长期下来它会自以为是。为了不让狗狗变成一只问题成犬,从幼犬期就要对它赏罚分明,教它分辨可以做与不可以做的事。

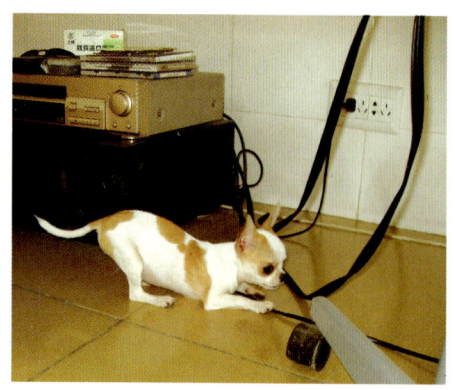

对捣蛋的狗狗要分析其行为原因

此外,压力也是引发问题行为的原因。当狗狗出现问题行为时,有必要重新检讨是否运动量不足或沟通不够。

以下就是狗狗经常发生的问题行为:

对着过往行人乱吠 狗狗对着经过自己旁边的行人或犬只乱叫,是固守自己地盘的行为。对狗狗来说,自己生活的家或庭院就是自己的地盘,所以,经过屋外的人或犬只就被视为"外敌"。对着他们叫,是为了威吓对方不要入侵自己的地盘,同时提醒家人保持戒心。"不可以乱叫!"如果一声大喝它还是继续叫的话,可用装了硬币或豆子的空罐丢向狗狗身边,利用巨大声音让它安静下来。千万不要为了让它安静而大声喊叫,否则狗狗会误以为你在帮它加油打气,反而制造反效果。

吠叫是狗狗地盘意识的一种体现

玩耍时随便咬主人的手 幼犬有时会故意含住主人的手咬着,若不禁止,它会养成咬人的坏习惯。对幼犬来说,稍微含住主人的手咬着,就像一种游戏或闹剧。尤其像吉娃娃这么娇小的狗狗,稍微咬着也不觉得痛。但是,如默许这种行为,最后它可能变成喜欢咬人的问题犬。因此,从幼犬期就要禁止这种胡闹的行为。万一被狗狗咬了，要当场斥责它。如果是幼犬，可用手抓住它的嘴，再用手指弹一下它的鼻子，当作警告。如果它还是继续咬人，就应中断游戏。

消除它的反抗态度　一不如己意就乱咬乱叫，是过度溺爱的结果。狗狗习惯在群体中加上排位顺序。如果是自己信赖的对手，它会将他摆在上位十分服从；反之，若无法信赖对方，就不会服从对方。平日如果过于溺爱狗狗，它会反客为主以为自己才是老大，进而出现一些乱叫乱咬的反抗态度。只要饲主改变平日的对待方式，它犯错要责骂，随时取得主导地位，即可解决这个问题。

当狗狗咬饲主手时，饲主应离开并中止游戏

对排泄物要及时清理

吃自己的排泄物
很多狗狗都会吃自己的便便，这绝不是一个好习惯。原则上狗狗一便便，就要马上清理干净；如果它想去吃它，要立刻制止这种行为。像营养不良、营养过剩或便便有狗粮的气味，都是引发这种行为的原因，饲主该重新检讨饮食的内容。

散步时乱吠其他的狗狗　散步时对其他狗狗乱叫时，应当场把它抱起来让它不再乱叫。好胜心强的狗狗为了显示自己的能力，或者是个性胆怯的狗狗因为恐惧的心态，都会对其他犬只乱叫。像吉娃娃这种小型犬，只要

对其他狗狗吠叫有时是为了向对方示威

把它抱起来，它就不会再叫了。但是，如果狗狗很好胜，会仗着主人增加自己的优越感，助长乱叫的坏毛病。所以，在外面遇上其他狗狗时，可将牵绳拉短一些，如果是胆小的狗狗，要轻声安抚它："没事！不要紧张！"如果是好胜心强的狗狗，在它想吠其他狗狗之前，让它坐下或等一下安静下来，还想叫的话，扯一下牵绳给予告诫。

喜欢舔自己的脚

当运动量不足囤积压力，或与家人的亲密互动急剧减少，狗狗都会出现舔脚的异常行为。这时帮它放松心情可改善这个现象。不过，有些比较神经质的狗狗，也会有此行为，这时只好出声禁止它这样做。

运动不足的压力，或环境改变后情绪不稳都是原因。

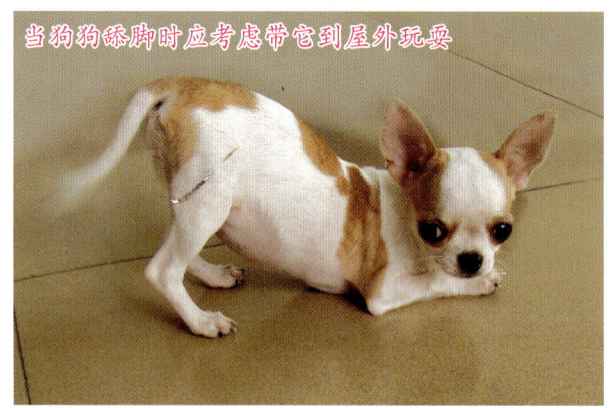

当狗狗舔脚时应考虑带它到屋外玩耍

吉娃娃犬的日常护理

吉娃娃犬的日常护理较其他长毛犬种相对简单，但也不能忽视。如果不定期给吉娃娃洗澡、梳理、修剪，你的吉娃娃犬就会变成一个"脏娃娃"，这既会让你的狗狗难看，还会影响它的健康呢。

时常刷毛

平日帮狗狗梳刷,是维持健康的基本原则。刷毛不仅可整理出漂亮的外表,而且能清洁犬体,还能促进血液循环、消除疲劳、防止寄生虫繁殖、预防皮肤病、增加被毛光泽。梳毛的顺序应按被毛排列和生长的方向,由头到尾,从上到下进行梳刷。从颈部到肩部,然后依次从背、胸、腰、腹、后躯,再刷到头部,最后梳四肢和尾部。梳完一侧再梳另一侧,先顺梳后逆梳,再顺梳,以便有效地除去被毛中夹存的沙粒、灰尘、皮屑和脱落的被毛。梳毛时不应用力过猛,以防伤及皮肤,应翻起底毛,一层层地梳,同时用一些稀释的护发素,再撒一些婴儿爽身粉。

刷毛是保持被毛光泽、拔除废毛的重要一环,在换毛季节尤其重要。像吉娃娃这种犬种,应该每天都帮它刷毛。

像长毛和短毛种吉娃娃因为毛长或毛质都有差

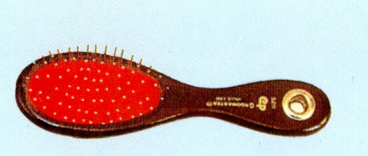

木柄梳:中、长毛种适合,针齿长度可选

去蚤梳:消除跳蚤专用的梳子适合短毛种或幼犬

针齿梳:便于梳开长毛种打结或老旧的毛球

双齿梳:金属制品,适合整理长毛吉娃娃被毛

橡胶梳:短毛种专用刷,两面使用十分方便

异,适合的理毛用具也有所不同。刚开始的时候先让狗狗坐在膝盖上,轻声对它说说话,让它习惯被人刷毛。然后一边刷毛,一边用手拨开毛确认有无蚤类、壁虱或皮肤异常的情形。再者,在大量掉毛的换毛期,更是要仔细从臀部反方向梳到头部,清除旧毛。

像短毛种的话,可将手打湿代替刷子刷毛,去除旧毛。

短毛吉娃娃犬的刷毛法

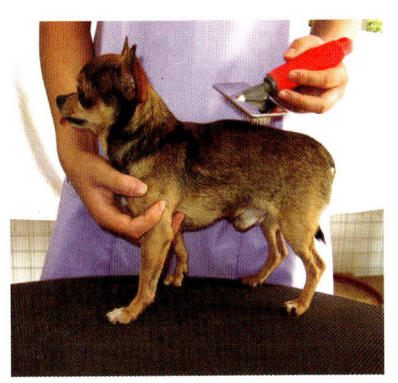

A. 顺着体毛生长方向,从脖子轻轻地刷到臀部,去除表面或毛里的污垢。

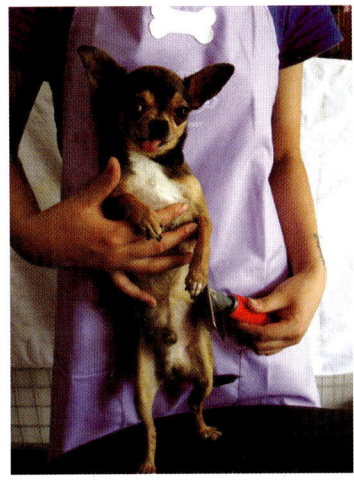

B. 继续从胸部刷到腹部,单手抓它的前脚让它站着或仰躺着比较好整理。

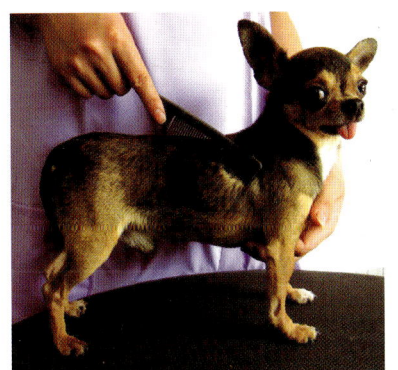

C. 用去蚤梳理耳根或肛门附近的体毛,再用湿毛巾擦脸。

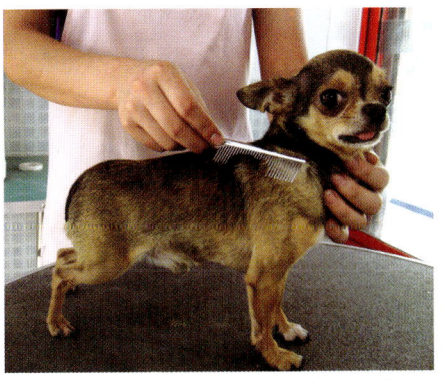

D. 将刮出跳蚤的去蚤梳放入清洁液里,跳蚤就会死掉。

长毛吉娃娃犬毛结的处理

　　长毛吉娃娃犬的被毛较长，特别是尾部和胸部的毛如果疏于梳刷，或是没有在换毛期清理断毛，毛发就很容易打结。打结时，不要用梳子硬梳，可以用针梳或是宽齿梳小心地梳理。

　　先用手指将毛球的部分拉开，再细心地打开。等整体都松开后，就可以用梳子等从毛发尖开始梳理。严重起毛球时，可以顺着毛发的方向，用剪刀剪除，使用消除毛球的专用喷雾，可以减少对毛皮的伤害。

长毛吉娃娃的刷毛法

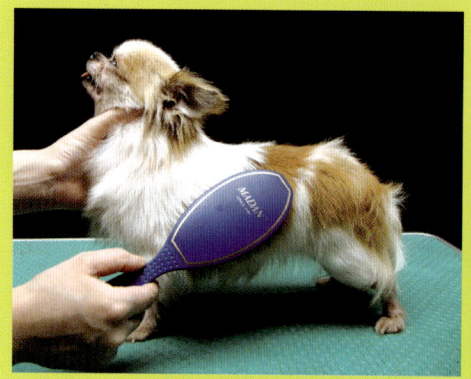

A.顺着体毛生长方向，从脖子刷向臀部。利用手腕的力道，让刷子与皮肤保持平行。

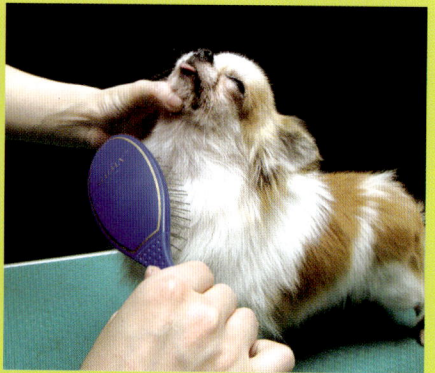

B.脖子一带的毛很多，要小心梳理；胸部要反方向把毛梳开。

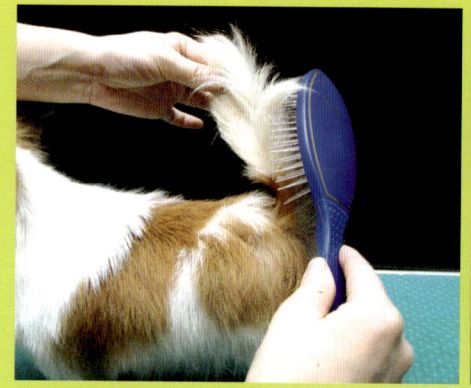

C.小心梳理尾巴，清除毛球，别伤了肛门。

D.最后用梳子整理全身的毛；耳朵和脸四周用梳子比较安全。

每月清除耳垢

耳内的积垢若不定期清除,易成为恶臭的来源或引起发炎;耳朵上的装饰毛,也容易有耳垢,要记得清理。像吉娃娃这类透气性佳的立耳,一个月清理1~2次,用沾湿的棉花棒沾一点洁耳剂,轻轻擦拭污垢即可。

清洁耳道时,一手拉起犬的外耳,侧转犬头,使耳孔微微向上;

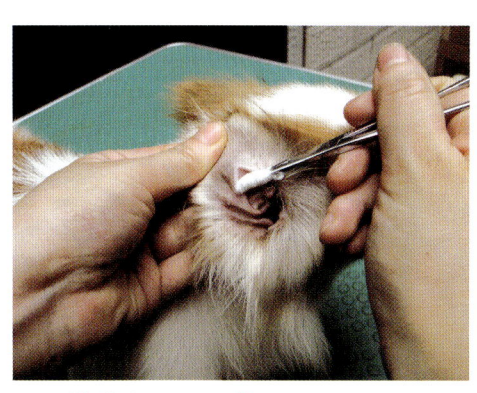

用棉花球小心地清理耳朵内的污垢

助手一手握紧犬嘴,小心地将洁耳剂滴入耳道,用手指轻轻按摩耳朵下方,使耳垢松弛,再用棉签抹去多余的油,并小心地把耳垢挖出来,最后滴进一些耳药水。也可无须洁耳剂,而直接用酒精浸湿棉签,来抹除耳垢和污渍。如果耳朵内有异味,这可能是耳内长有寄生虫,叮咬耳壁造成发炎感染,积累的脓血发出异臭;也可能是耳朵受到一种寄生菌感染,发出一股如水果霉烂时的甜酸味。

下垂耳的矫正

若吉娃娃犬出现耳朵下垂,应在幼犬1~2个月大期间用胶带(这种专用胶带宠物用品店有售)粘贴进行矫正,使其耳朵能竖直起来。

1. 根据狗的耳朵大小,剪宽1~2厘米、长5~6厘米的胶带。

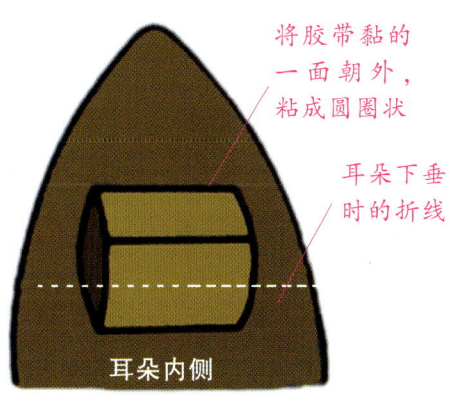

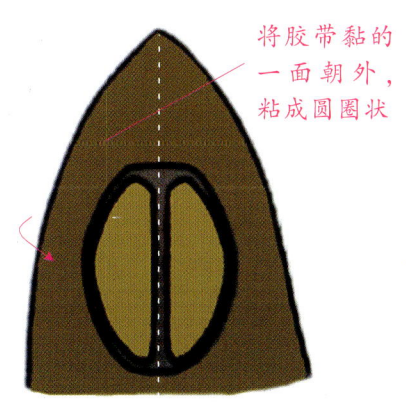

2. 将剪好的胶带黏性一面对外,头尾相粘。形成一个圆环状。

3. 贴前用医用酒精棉擦拭耳朵内侧消毒。

4. 找准下垂耳内侧的折横印,以折横印为中心,将圆环状的胶带竖着粘牢。

5. 再以耳朵的纵向中心线对折,捏住,此时,圆环状胶带前部也随之对折粘住,这样耳朵就立了起来。

6. 照以上方法1~2天更换一次,1周之内见效。吉娃娃在3个月大以前立耳最有效,立耳要越早越好,避免下垂时间长了弯出印痕。纯种狗吉娃娃往往单只耳朵垂下。两只耳朵都垂下的吉娃娃不纯。

注意清洁眼睛

吉娃娃犬的眼球较大,泪腺分泌较多,常从眼内流出大量泪液,使得眼角下被毛变色,因此要经常检查犬的眼睛。当犬患上某些传染病,特别是患有眼病时,常引起眼睑红肿,眼角内存积有多量黏液或脓性分泌物,这时要对眼睛精心治疗和护理。方法是用2%硼酸棉球由眼内角向外轻轻擦拭,不能在眼睛上来回擦拭。一个棉球不够,可再换一个,直到将眼睛擦洗干净为止。擦洗完后,再给犬眼内滴入眼药水或眼药膏,以消除炎症。

小锦囊

防止"泪痕"产生

狗狗因睫毛倒插或泪管异常的流泪症,流出太多眼泪后,眼睛下面的毛会变成茶褐色,就成"泪痕"。尤其是白色系的狗狗,毛色一旦改变会相当明显,看起来不太雅观;且变色后就很难复原。平常要用水或硼酸水擦拭眼眶一带防止产生"泪痕"。

用棉花擦掉眼屎,如发现眼屎的颜色或眼睛异常,立即找兽医检查。

在风大的日子带出去散步,回家后可用生理盐水点一下眼睛,清除污垢。

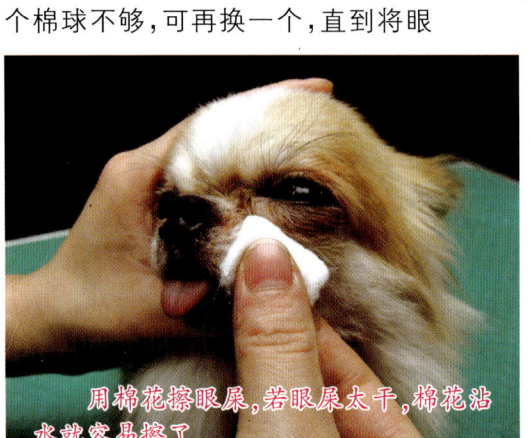
用棉花擦眼屎,若眼屎太干,棉花沾水就容易擦了

每天坚持刷牙

刷牙可有效预防牙周病或牙结石。尤其像吉娃娃这种容易积牙垢的犬种，每餐吃完要用纱布帮它刷牙；如有牙垢，可用钳子刮掉。如果做不来，可找兽医帮忙。平常多让狗狗咀嚼坚硬的食品，也是预防方法之一。

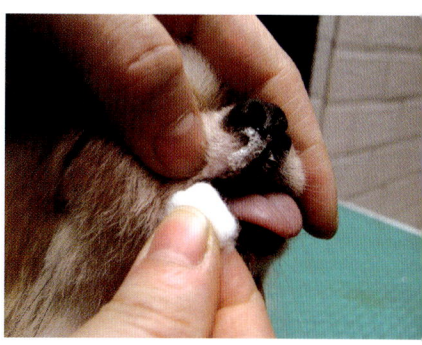

用纸制牙刷或纱布刷牙齿表面或内侧

定期修剪趾甲

如果听到狗狗的趾甲在地板磨出声音，表示趾甲太长应该修剪，以免妨碍狗狗行走。

狗狗的趾甲有血管与神经分布，剪太多会痛还会流血；应该等洗过澡，趾甲变软一些再剪。

定期修剪杂毛

吉娃娃犬不需要花很多时间美容，但是长毛种的话，需定期修剪脚底或肛门附近的杂毛以保持清洁。此外，还可以修剪它的胡须保持清爽的外表，不过不剪这里也无妨。

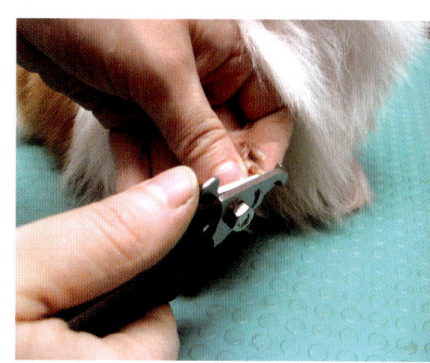

单手抓住脚尖，刀刃与趾甲垂直

修剪体毛时，如果没有专用的修剪台，找个稳固且高度适中的桌子让狗狗站上去也可以。当狗狗站在上面时，记得随时用手压着它的身体，防止它自己跳下来或剪的时候动来动去。如果它感到害怕，可轻声安抚它的情绪。

◆剪刀的用法

狗狗美容专用的剪刀比较好修剪，并留意正确的用法。

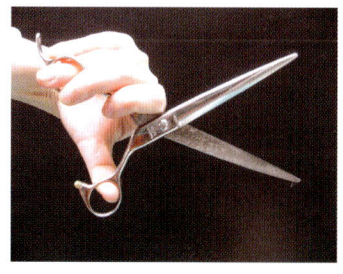

剪刀正确拿法一：用拇指和无名指扣着

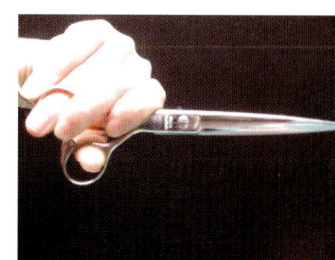

剪刀正确拿法二：修剪体毛移动拇指那边的刀刃

◆ 修剪胡须

狗狗的嘴巴、下颚或眉头部会长胡须,可一根一根剪到根部,刀刃要避开眼睛。

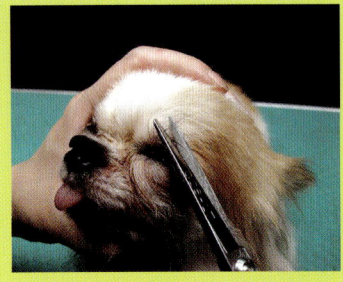

A.修剪时手要抓紧,刀刃要避开眼睛。

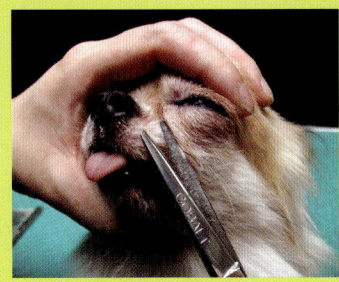

B.一手抓着狗狗下腭,将刀刃贴近脸部修剪胡须。

◆ 修剪脚底的毛

脚底的毛如果太长,散步时容易卡上脏东西,也会增加狗狗摔跤的机会。而且狗狗的脚底易流汗,更应该修剪多余杂毛保持干爽。所以,不管是脚尖或后脚的杂毛一定要定期修剪,维持漂亮的外形。

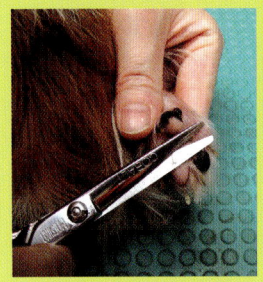

A.单手抓起狗狗的后脚往后移,仔细修剪脚掌内垫中的杂毛。

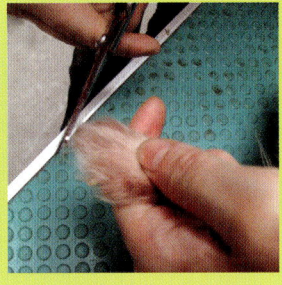

B.先用梳子把毛倒梳后再剪,注意造型不要剪太多。

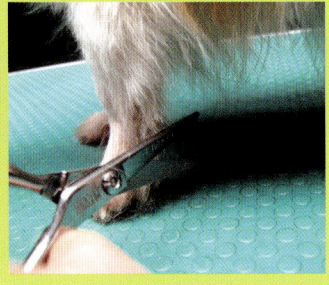

C.脚尖稀疏的杂毛也要修剪干净。

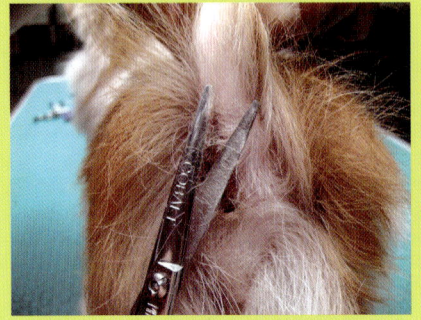

尾巴举高,修剪肛门四周的毛,小心刀刃别伤了皮肤。

◆ 修剪肛门附近的毛

肛门附近的毛剪短一些,可避免狗毛沾上粪便。修剪时一手抓起尾巴,剪刀与身体平行不要伤到皮肤。用完的剪刀以酒精擦拭比较卫生。

省时省力的洗涤方法

体味很小的吉娃娃犬每个月洗两次就可以了。

定期帮狗狗洗澡,不仅可以通过刷毛去除身上的灰尘,还能清除附着在皮肤上的灰尘污垢。吉娃娃因为体味少,每个月洗两次就够了。洗太多的话,反而会让体毛失去光泽。

再者,若狗狗身体状况不佳,母狗于发情期或产前产后,幼犬刚注射过疫苗,或皮肤、眼睛有异状时,暂时先不要洗澡。

沐浴前先将必要的物品备齐,再仔细刷过体毛,在狗狗的耳朵里塞进棉花。洗澡的动作要快,以免狗狗着凉。

下面详细介绍狗狗的洗澡过程:

洗澡时所需物品

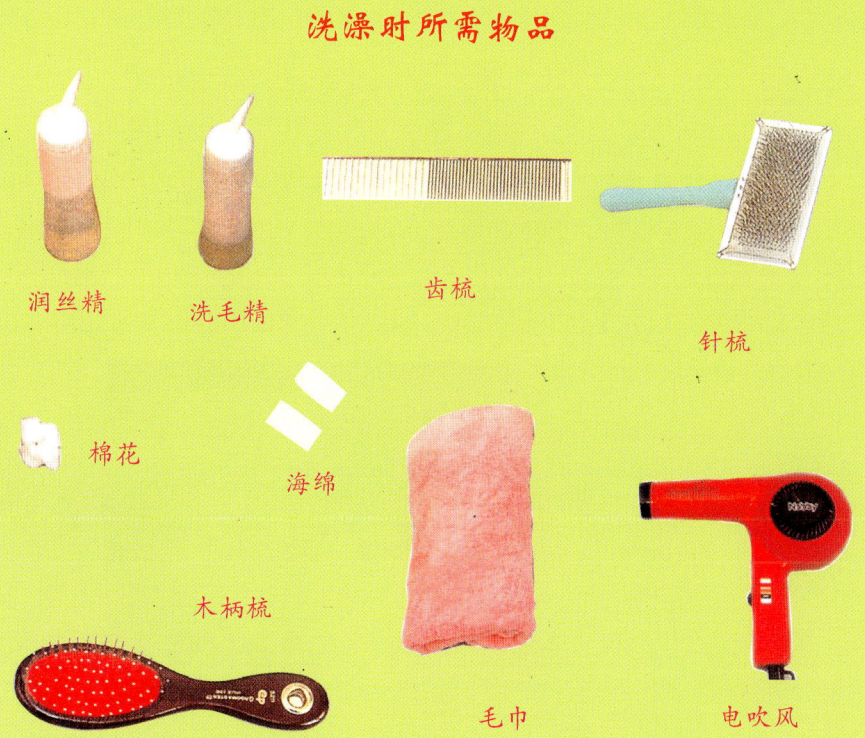

润丝精　洗毛精　齿梳　针梳　棉花　海绵　木柄梳　毛巾　电吹风

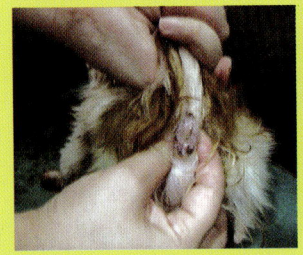
A.肛门腺分泌的恶臭腺液,装在肛门囊内,要定期挤出,以免阻塞发炎。

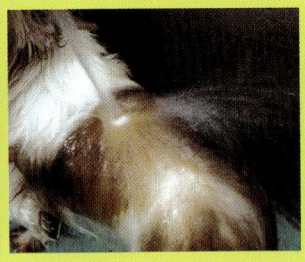
B.用喷头从后脚打湿身体,水量要小,水温设定在37℃左右。

C.里层毛要打湿;头和脸用海棉打湿,以免耳朵、眼睛或鼻子进水。

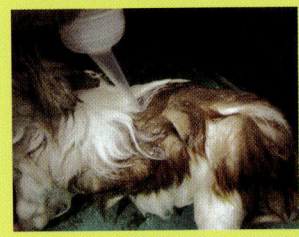
D.先将洗毛精稀释后,再淋于狗狗身上。

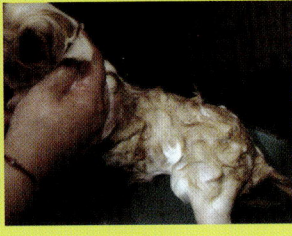
E.搓出泡泡再洗身体,利用指腹轻搓它的毛。

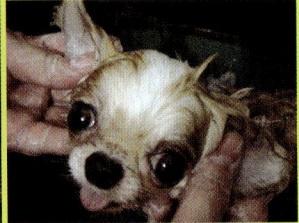
F.耳朵内侧轻轻搓,但不要冲洗。

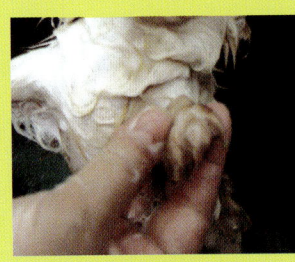
G.趾缝间也要清洗。

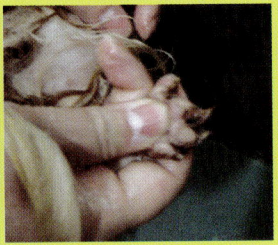
H.脚掌肉垫中的毛特别脏,要洗干净。

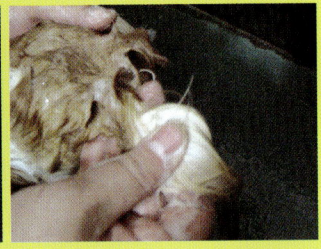
I.长毛种的尾巴要搓洗干净。

J.用残留泡泡搓洗眼睛或嘴四周。若泡泡进眼或嘴里,马上用水冲干净。

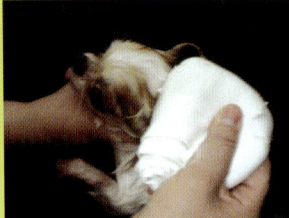
K.用海绵从脸开始冲干净,眼睛里面也要冲洗。

L.用一只手握着双耳,防止耳朵进水。

 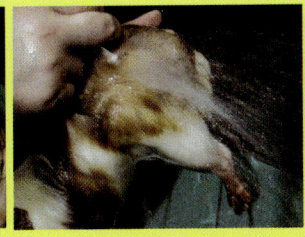 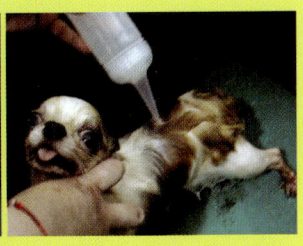

M.仔细冲洗全身。

N.特别注意清洗脚的内侧和臀部。

O.冲完之后,倒上稀释的润毛精,轻轻搓揉。

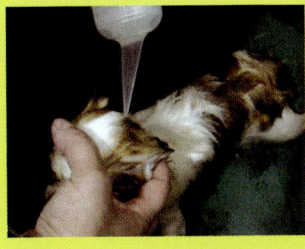  

P.头部利用海绵轻搓,脸的部分不必用润毛精。

Q.冲掉润毛精,冲完后将体毛水分挤干(长毛种)。

R.让狗狗自己甩掉身上的水气。

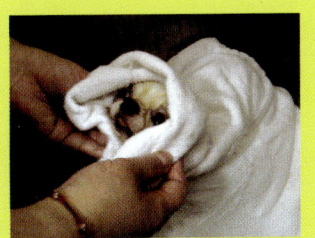 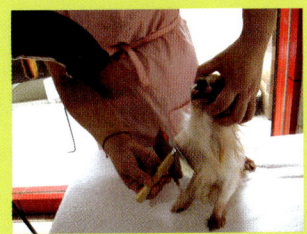

T.边梳毛边吹风,里层毛都要吹干,吹风机不要离狗狗太近。

S.再用毛巾轻轻裹住擦干身体,耳朵里面也要擦,别忘了取出塞在耳朵里的棉花。

U.充分吹干后再仔细梳整齐。

吉娃娃犬的繁殖

掌握科学的繁殖方法，采取正确的配种措施，通过择优汰劣，优势互补，这样才能获得品质优秀的后代犬只。

吉娃娃犬的繁殖方法

近亲繁殖法 近亲繁殖法是指血缘有关系的父女、母子、兄妹、姊弟、直系血亲的交配繁殖。采用近亲繁殖是希望父母犬方面优秀的禀性会在子女的身上重现,但较好的交配法是父配女、祖父配孙女、叔伯配侄女、异母兄弟配异母姊妹等,如此形态统一具有系统的交配法所培育出来的仔犬,大都可以达到理想标准。

异系繁殖法 异系繁殖法就是欲交配的公母犬双方在前五代的血统中没有一点血缘关系,而完全引进本身所没有的新血统。当某一系统的缺点被强化且在后来的改良中一直无法突破时,若另一血统都没有这种缺点,而原来的血系又有精密的血统组合时,则可以将此血统纳入寻求改良。

系统繁殖法 系统繁殖法是指在公母犬双方四或五代的血系中,有一只以上的相同祖先犬,而在双亲及三代内,并无同一只犬重复出现,这样的方式就是系统繁殖法。它是一种程度较轻的近亲繁殖,繁殖者常采用这种方式,因为它不必冒近亲配种带来的危险,又可获得近亲繁殖的良好效果。

母犬的发情征候

吉娃娃在出生后6~8个月时会开始第一次发情。当犬发情时,它的行为、生理和心理都会发生许多变化,只要准确掌握了它在发情时不同阶段的不同征候,我们就可以判断犬是否发情,处于何种时期,何时可以交配。

行为变化 多数母犬在发情前期前2~3天,就表现出不安,易兴奋,不服从命令,饮水量增加,食欲减少,频频排尿。

发情出血 发情出血是母犬从发情前期开始阴户流出血样分泌物。发情前期的初期,阴户流出的分泌物为暗红色或茶褐色血样黏液,以后逐渐变红呈水样。从发情前期的后半期

区分几种异常发情

异常发情 不能交配,因此应区分和避免母犬异常发情。

安静发情 无发情迹象,但却排卵。可注射促性腺激素或马血清治疗。

假发情 虽表现发情征候,但却不排卵。可能是促性腺激素分泌不足。

发情期过短 可能是发育卵泡成熟过快或卵泡停止发育、卵泡发育受阻引起。

发情期过长 其原因可能是卵巢囊肿或促性腺激素缺乏所致。

间断性发情 常见于营养不良的母犬,可能与卵泡交替发育有关。

发情不出血 虽已发情,但阴户不像正常发情那样肿胀,阴道也没有血液。

孕后发情 可能是生殖激素分泌失调所致。

到发情期的前半期,分泌物呈浅红色。发情后期,阴道分泌物为血样黏液。发情出血量,发情前期的前3天量少,中期量多,后半期多停止出血。

阴唇肿胀 发情前期到发情期,阴唇及其周围组织迅速肿胀,触诊阴唇深部很硬。进入发情期后,整个阴唇变软,转为可交配状态。临近排卵时,阴唇肿胀程度最高,排卵后迅速消肿,之后阴唇又肿胀到接近排卵前的程度,以后逐渐消肿,恢复到正常状态。在排卵期的交配才是有效的交配。

阴道分泌物 分泌物为雌性动物生殖器官内壁脱落的细胞和蓄留于阴道内的分泌物,还包括子宫外口部的附着物和子宫颈管的黏液等。

特别提示

第三次发情后是合适的第一次繁殖期

虽说吉娃娃在6~8个月大就有发情征兆,但这时的骨骼发育不完全,心理也不够成熟,应该等它第三次发情之后再让它交配。为了确保身心成熟的狗狗才能交配以生出健康的幼犬,不管是公狗和母狗都应以超过1岁交配为佳。

母犬发情后的管理

母犬开始发情以后,要观察犬的行为表现、外阴部肿胀情况、阴道分泌物的量和颜色变化情况等,重点观察阴道的出血日期和阴道分泌物变黄的日期。有经验的犬主人能通过反复观察准确地掌握犬的发情状态。如果当母犬阴道分泌物变为黄色,阴道黏膜为灰白色,愿意让公犬交配并有让尾现象时,说明该犬进入发情期,要密切关注,选准时机进行配种。

母犬进入发情期后,要严加管理,公母犬要分开,运动时带上脖套,以便于控制,更不能散放,以防被公犬偷配。

此时要加强营养,多喂些容易消化的食物,多给清洁的饮水。注意犬体和犬舍卫生,尤其是犬的外阴部要用温水轻轻擦洗,但最好不要给母犬洗澡,以防感染。犬身上经常刷拭或用干净湿毛巾擦拭。对体型十分娇小的吉娃娃来说,怀孕、生产、育儿……对母体都是相当大的负担,所以,从幼犬期开始,就要特别留意狗狗的健康状态,以后它才能生出活泼健康的幼犬。

物色健壮且品质纯正的配种犬

我们在繁育吉娃娃犬的过程中,必须认真解读吉娃娃犬的犬种标准。只有充分理解这一标准才能繁育出优秀犬只。但有的犬主在培育过程中片面理解犬种标准,夸大其局部特征,以致有些犬只未能达到健康犬标准,成为遗传性缺陷。对这些有遗传性缺陷的犬我们不能购买,更不能作配种之用。

任何作交配用的种犬必须无遗传方面的任何毛病,我们应细察其血统证明书,根查其祖宗三代。引起遗传缺陷的因素主要有以下几个方面:

过于快速小型化 吉娃娃以娇小著称,可很多人都认为吉娃娃犬越小越好,他们尽可能地挑选小的犬只相互交配,以致故意配出一些细小的犬只。其实有些体型很小的吉娃娃犬并不是真正的"小",而是因为营养不良、发育不正常所致,这种犬繁育出的后代很多存在着各种遗传性疾病。而且由于快速追求小型化,近亲繁殖频繁,所产仔犬多数总有神经质。

过于夸大局部特征 吉娃娃犬一双大眼忽闪忽闪,惹人怜爱,于是许多人就以"眼大"为美。他们用"大眼"配"大眼"犬,结果繁殖出来的吉娃娃眼睛向外突出,以致不符合品种规定。

盲目相信获奖犬只 不要认为获奖犬只的血统必然就好,有的获奖犬也可能潜伏不健全的遗传性基因。你应查看其以上

几代的血缘，看其血缘能否得到最佳的配合。

有些遗传问题是人为的毛病，如犬主不懂养犬方法，管理不善，环境不当，便会繁育出一批不健康的问题狗。犬主日常疏懒，不带犬散步或运动，很易导致狗狗四肢细小和脱毛，或毛色差、肥胖等。不适当的训练与管理，可导致狗儿的骨骼结构不正常，体躯结构不合谐，不合比例等。

有些缺点会遗传给下一代，有的缺点虽然不会遗传给下一代，但若是雌犬，则可能对其怀孕有影响。

交配适期

饲养的母犬发情后，准备让其繁殖时要掌握适当的交配期。如果无法正确地掌握，是不易受孕的。要仔细观察以下各点，以找出适当的交配期。

＊出血的颜色由红色变为粉红色，渐渐变淡，黏液增多。

＊外阴部变得更为膨胀且隆起。

＊用手指轻轻刺激其外阴部的周围、腰、尾巴根部，出现极敏感的反应，尾巴会上翘，扭腰，横躺在那儿，称孕让尾。

＊当有公犬接近时，母犬会积极地扭腰，做出允许讯息。另一方面公犬也会闻母犬外阴部的味道，或舔或骑在它背上，做出交配的动作。

从母犬的出血日起开始计算，第 10～14 天时，平均是在第 12 天，出现以上现象时，就是交配的适当时期。

交配前的防虫措施

替吉娃娃犬配种，应先肯定交配双方皆健壮。尤其是雌犬，将来要怀孕与哺乳，若有任何寄生虫病，皆易传染给下一代。

首先应化验它的粪便，看看有没有体内寄生虫，如蛔虫、钩虫、线虫等。同时，应杳清楚它最近一次接受过综合性防疫注射的时间，何时接受预防狂犬病注射。前者在 1 年期内有效；后者则在 3 年期内有效。雌犬的皮毛亦

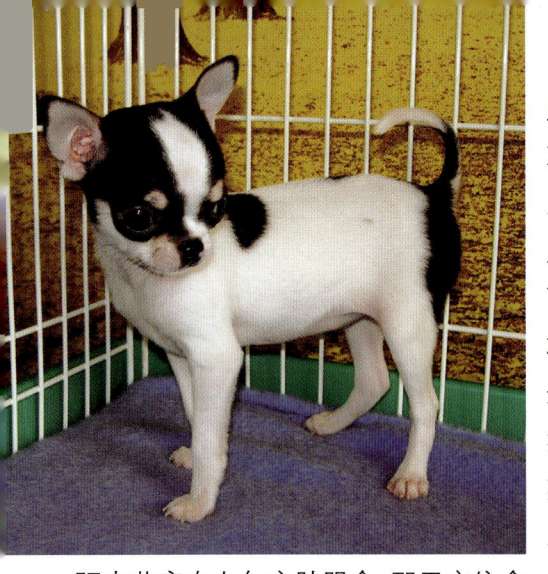

应细细检查,看看有无跳虱、扁虱、耳虱与其他体外寄生虫,比如毛囊虫与金钱癣,皆会传给狗的子女,应于怀孕之前完全医好。雄犬方面,在交配前也应处在健康良好的状态,无虫病。如果要替雌犬驱虫,最好在它发情期之前两周进行,太接近其发情期,可能会扰乱它的周期性。假使你在它刚怀孕的时候才发觉要驱虫的话,则应立即进行。驱虫药宜在上午空肚服食,那天应停食。切勿在怀孕后期替雌犬驱虫,它可能不能忍受,应先请教兽医。

交配前的准备

　　尽量选择住家附近的狗伴侣。如果朋友或附近邻居没有适合的交配对象,可以请信用良好的宠物店介绍,或由宠物杂志或吉娃娃俱乐部寻找。万一要交配的公狗住在很远的地方,饲主前一天就要带着母狗前往,调整身体状况静候第二天的交配。结束后让母狗再休息一天,再带它回家。这样母狗才不会太累,可增加受孕的机会。如果可以的话,尽量选择住家附近的公狗,以减少狗狗的身心负担,凡事也比较好磋商。

　　在交配日将身体调整到最佳状态。决定交配对象后,双方可就交配日期、次数、配种费用,或万一失败时该如何处理等事宜进行磋商。交配当天先让狗狗上厕所,母狗还要剃掉外阴部的毛方便交配。交配时遵从公狗的饲主指示为基本的礼貌。饲主在帮狗狗寻找交配对象的同时,就要备妥血统证明书或完成疫苗注射等,便于交配的进行。

妊娠

◆ 怀孕过程

　　在交配后,公犬所射出的精子通过母犬的子宫颈,在左右两边的子宫分开,再继续至输卵管,并在此等待与排出的卵子结合。一只精虫可以让一粒卵子结合受精,受精卵会逐渐移至子宫内;到了第 18 天,受精卵便开始着床,而胎盘、浆尿膜、羊膜、羊水便于此时紧裹住受精卵,让它在子宫内安全而舒适地继续发育;至 20 天左右时约有 1 厘米大小;30 天时约有 2 厘米,而至 40 天时胎儿约有 4 厘米大小,这时已可以看到稍微隆起的腹部;至 50 天时腹内的胎儿已有 7 厘米大小;而至 60 天接近分娩时,则已有 12 厘米左右大小了。自着床至分娩这短短的 40 天内,其内部变化非常快。

◆ 妊娠诊断

家庭早期妊娠诊断,通常采用触诊法。

受精卵于排卵后 20 天左右开始着床,这时的胚胎直径为 1 厘米左右,排列成小球串状。当妊娠 25～35 天时,着床部位的子宫因胚胎发育而膨隆起来,胚胎直径 2.5～3.5 厘米,这时,腹壁触知最明显。当妊娠 35～45 天时,因胎水增加,胚泡伸长,紧张度消失,子宫角成为直径均一的管状,与腹腔的肠管较难区分,因而此时触诊不易诊断。当妊娠 45～55 天时,子宫角和各胎儿迅速增大,这时触诊母犬后部比前部明显,但要注意与结肠内的粪便相区别。一般这时的子宫角显著膨大而伸长,子宫角的中部在肝脏后方折回,尖端位于子宫角基部的上方。妊娠 55 天至分娩期间,很容易触到各个胎儿。

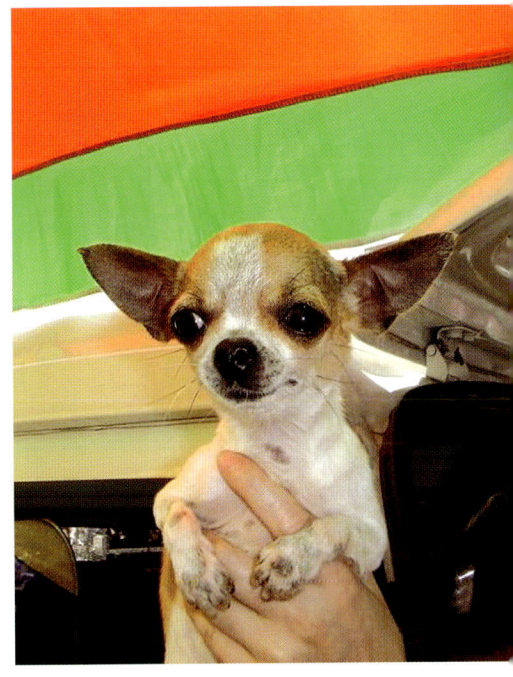

触诊的具体方法:检查者应先抚摸犬给以安全感,使犬安静。取站立式,把犬的头部轻轻挟抱在检查者的腋下,左右手掌放在犬的前腹部乳房与后腹乳房间的腹侧,手指稍张开,两手轻轻边压腹部边朝下腹部滑,妊娠子宫可垂到下腹部,这时,轻轻柔和地用手指挤压,可感知坚硬、隆起的受精卵着床部位,易区别于其他脏器。

怀孕期的特殊照顾

怀孕期间,要特别注意狗狗的营养管理与运动。若这时母狗的体力衰退,日后阵痛的现象会不明显,生产时恐怕也使不出力。

等母狗怀孕5~6周情况比较稳定了,再帮它洗澡,但不要把它全身浸在浴缸里或洗太久,洗或吹干时都不能用力压它的肚子,腹部也不能受凉。

如果我们的爱犬怀孕了,根据许多繁殖专家的经验,应注意以下几点:

* 宜轻抱轻放,勿在肚上施加压力。
* 不宜剧烈运动,以慢慢散步作为运动较宜。
* 切勿让它跳高跳低,尤其是临产前3周内。
* 不可喷施过量的杀虱水。
* 犬舍保持通风,保暖,干燥。
* 它临产之前1个月,应驱蛔虫。为安全起见,所用驱虫药分量可请教兽医。

产前征兆

犬的妊娠为58~63天,故配种后我们可以依据第一次的交配日来知道预定生产日,在预定生产日前后几天,都有可能是你爱犬的生产日。犬分娩前有一系列表现,要注意观察。

外阴部和骨盆发生变化 分娩前3~5天,外阴部逐渐柔软、肿胀、充血,阴唇皮肤变红,从阴道内流出黏液。这时骨盆变大,臀部坐骨结节处明显塌陷。分娩前3~10小时,子宫颈口开张。

行为变化 接近分娩时,子宫、子宫颈、阴道等生殖器官及其周围充血,母犬臀部的坐骨结节下陷,后躯柔软,外阴部和阴唇肿胀,呈弛缓状态。临产前的母犬食欲不振,不安,气喘,呼吸快,寻找隐蔽的分娩场所,有筑窝行为,围着家人求助。多数犬从分娩前12小时开始,频繁出入预先确定的产室,而且入产室时间长,外出的次数逐渐减少。分娩前 1 小时(少数犬前 2~3 小时),母犬用前肢扒垫草,抓产室的毛巾、抹布等,并用嘴咬断撕碎,发生低沉的呻吟或尖叫。多在这期间阴门露出胎胞。

体温变化 犬的正常体温为 38.3℃,临分娩前的母犬体温明显下降到 36.5~37.2℃。多数母犬的体温在第一个胎儿出生前 9 小时为 36.4~37.2℃(最低体温),比生理体温低 1 ℃以上。因此,可根据妊娠末期明显的体温变化,来预测分娩的准确时间。

产前准备

在临产前大约两周,即应与家中其他犬只分隔开来。最好事先准备一个干净的大盒子、篮子或纸箱作"产房",放在温暖而避风的角落。里面应铺些撕碎了的干净报纸,若弄污了也比较容易清理。

雌犬在临产前的 10 天内,应习惯睡在"产房"内。作为"产房"内的气温至少应为 27℃,早晚温差不能过大,冬天应有保暖设施。

应在这时期替它剪去乳腺四周和阴户四周的长毛,以便日后它生产与哺育幼犬。

事先要准备好剪刀、注射器、胶手套、脸盆、毛巾、纱布、绷带、缝合针线及消毒用的 70%酒精和 3%碘酊及催产、止血等药物。临产前备好温水。

人工助产

产前活动 阵痛开始后,母犬因疼痛而多睡卧,懒于走动,若停滞时间过久,则会影响胎儿向产门蠕动行进,故宜牵出走动一下。这样可以缓解母犬紧张的心情,并且适量活动可促使仔犬顺利导向产门。

催生方法 母犬坐产过久,仍不能产出,或坐产无力,仔犬难以通过产道,则可以催生。催生的方法,除牵出来运动及以手推摩母犬腹部帮助

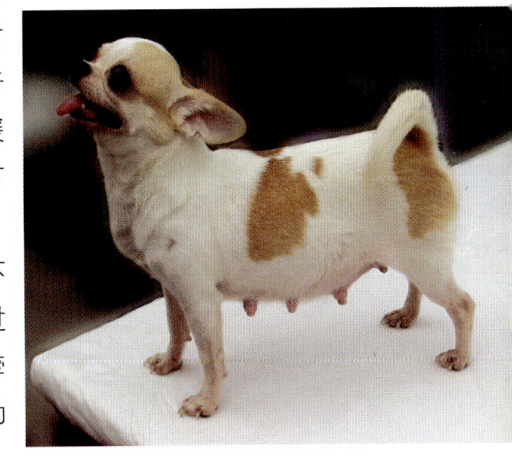

用力外，医院最常用的方法就是注射催生针。催生针的效果极佳，但催生针使用不当时，却会引起严重的不良后果，如果母犬是因骨盆扩张缓慢，在未开至适当宽度前使用催生针，仔犬非但不能产出，母犬也会因为过分用力而将子宫撑破，那太危险了，因此催生针剂的使用应请教兽医。

人工接生 有些母犬首胎生产，无生产经验，既不会撕破胞膜，也不会咬断脐带，此时还是人工接生更安全可靠。首先见到胞衣慢慢自阴部露出，随着母犬使力向外生出，在露出未超过1/2前不宜勉强拖出，待超出一半后如滑出顺利也不需助力。如超出1/2后出生仍极慢，为节省母犬的体力及防止仔犬休克，可用纱布裹住仔犬，配合母犬用力时向外拉出。向外拉时，力度要适当，需注意勿用力过猛而伤了胎儿，尤其不可将胎衣及脐带拉断。仔犬出生后，首先自头部撕破胞衣，并速将仔犬口内黏液、羊水除净，使仔犬呼吸顺畅，然后用两手将胞衣连脐带握牢，慢慢将胎盘拉出，要小心不可拉断。胎盘出来后立即用消毒过的棉线，自仔犬肚脐1厘米处扎结，再予以剪断，断脐处需要碘酒消毒。断脐后，立即用干布将仔犬全身擦干（或以温水洗净后再擦干），并揉背部使仔犬叫出声，然后放入铺好垫布的笼内，并用电热毯或电灯保温。处理妥当后，将母犬身上稍为拭净，再换生产用的报纸，然后将胞衣、胎盘等秽物收拾干净，如此即完成一只小狗的接生工作。

人工帮助呼吸 仔犬出生后，一将胞衣撕破露出口鼻，仔犬便开始呼吸，强健者立即挣扎蠕动且大声啼叫，但大多数仔犬都必须待口腔内黏液除净后才能正常呼吸发声。有些幼弱者虽然口腔已清除干净，但仍然不能呼吸，此时可见仔犬疲弱无力呈假死状，应立即施以按摩，再用大拇指及食指两指轻按仔犬前肢腋下心脏处，并用毛巾从颈部至背部摩擦，轻轻按摩心脏，通常数分钟后即可见仔犬逐渐苏醒，发出嘤嘤之声。此时仔犬即已得救，可放入产箱保温。经过假死的仔犬于生后数月内要特别小心照顾，并注意其体重增加的情形，如果哺乳良好，体重稳定增加，则将会日见茁壮。

难产及异常生产的处置

若过度近亲繁殖,则可能造成生殖机能不太健全。再加上管理不善的话,就可能会发生难产。现将难产的各种情形略述于后:

难产情形、原因及处置一览表

难产情形		原　因	处　置
阵痛微弱		平时缺乏锻炼,生产时用力不足,血液钙质过低或荷尔蒙不活性引起	由医师据临床症状注射阵痛促进剂
产道狭窄		盆骨狭小、阴道发育不全或狭小	请兽医行剖腹产
胎位不正	逆位	胎儿以后肢朝向产道	多为顺产,若头部被卡住,予以协助
	后头位	进入盆骨,胎头呈俯卧状,鼻朝向胸部,脖头卷曲,头部宽度增加	无法顺产,及时请兽医协助调整
	臀位	逆位生产时,后肢缩向腹位以臀朝向产道,臀部变大	应设法转位,使其顺利生产
	侧体位	误入子宫角,胎儿屈成乙形,以一只脚朝向产道	形成绝对难产,转位后试着以镊子夹出,否则进行剖腹产
胎儿过大		胎头比母犬产道大得多	差异不大,可剪开会阴取出,否则进行剖腹产
胎盘早期剥离		分娩日未到,胎盘即由子宫剥离,阴部流出墨绿色分泌物	至少一只仔犬死亡或处于死亡边缘,请兽医处置
剖腹生产		以上各种难产,用尽办法无法顺产时	只能借助剖腹生产
流产		8周前生产,母犬受撞击、缺乏黄体荷尔蒙、细菌侵入子宫	弄清原因加以预防
早产		满8周但未熟产出、胎儿过多、肚子受寒、黄体荷尔蒙不足	细心照顾早产儿
迟产		超过预产期4天	预防胎儿过大的难产

产后母犬的护理

对一整天除了喝奶外几乎都在睡觉的幼犬来说,一个安静舒适的睡铺自然十分重要,加上吉娃娃很怕冷,一定要特别注意保暖。冬天可加个电暖器或电热毯,但可别让狗狗烫伤了!

有些母狗生完后会变得比较神经质,通常情况下,不要去打扰它们。刚生完 2~3 天,母狗可能寸步不离地待在幼犬身边,可将食物拿到产房旁边

喂食。只有充分留意母狗的身心健康,才是让抵抗力差的幼犬健康茁壮的要诀。授乳期间的母狗要多补充水分,并多吃含蛋白质的食物。母犬有时候乳房膨胀,泌乳量很多,但有时乳汁的排出量却很少。当排乳不良时,仔犬会因吸不到奶而一直咬住乳头不肯离开,此时应对乳房施以按摩,以促进排乳。按摩的方法是以温热的湿毛巾贴住乳房,用手掌揉搓 5~6 分钟,然后握住乳房对乳头加压挤乳。此种按摩一日数回,直到乳汁排出顺畅为止。

初生仔犬的管理

初生仔犬的体温调节机能尚不发达,体温易受外界温度的影响,无法保持一定的体温,所以出生后的保温甚为重要。保温方法以电热毯为佳。如果不用电热毯,则可在仔犬箱上方置一个 40W 或 60W 的白炽灯泡,也足够保温,育仔箱温度以 30℃最适当。生产时如为盛夏且天气炎热,除出生当天外,可不用保温;如因天气过热而仔犬哀嚎不停时,应采取措施降温,保持 30℃的恒温。新生仔犬自律神经尚不发达,无外界的刺激不会排便排尿,通常母犬会以舌头舔拭仔犬的肛门和外阴以刺激排便排尿,并且吃掉仔犬排出的粪尿。但若遇上初产或娇生惯养的母犬不会照顾仔犬时,则饲主应以棉花或卫生纸,轻轻擦拭肛门及外阴部以促进排泄,一日数次,直到仔犬能自己排便为止,这大约需要 20 天。

帮助仔犬哺乳

为了使母犬的乳房便于仔犬吸吮,可预先剪去乳头周围的毛,哺乳时,用手指压迫乳房,稍挤出少量乳汁之后,再把仔犬的口对到乳头上。由于仔犬主要通过初乳获得抗病能力,靠初乳的轻泻作用促进胎粪排出,因此仔犬出生后要及早哺乳,吸足初乳。

初乳 产后3天内的乳汁称为初乳,其成分与常乳有很大的不同,含有较高的蛋白质、脂肪、丰富的维生素,具有缓泻作用,可促进胎便排出。初乳酸度高,有利于消化活动。初乳中的各种营养物质几乎可全部被仔犬吸收利

用,对增长体力、维持体温极为有利。初乳含有多种抗体(母源抗体),这对于机体抗病机制尚不完善的仔犬有着十分重要的意义。据实验,仔犬可以从初乳中得到77%的免疫保护力,随后母源抗体的浓度逐渐降低,到一周龄时为45%,2周龄时为27%,3周龄时为16%,到8周龄时基本没有了。因此,应尽可能早地让仔犬吃到初乳。

常乳 指犬分娩3天后的乳汁。常乳中也含有大量蛋白质,但主要是酪蛋白,其次是白蛋白和球蛋白以及乳脂肪和乳糖。这些物质也都是仔犬生长发育中不可缺少的物质。

哺乳的时间和次数 哺乳的时间、次数母犬自会掌握,无须人为地干预。但有些乳汁少或母性差的犬,主人要注意授乳情况。一般每天的喂奶次数应在5次以上。

母乳不足的处理

犬乳中蛋白质量是牛乳的3倍,脂肪量是牛乳的2.5倍,因此人工哺乳单靠牛乳营养是不够的,所以应该在牛乳中加蛋黄及乳粉。初期人工哺乳可用1份乳粉加7份水,以后逐渐增加乳粉浓度,直至1∶4的比例。

人工哺乳应尽量少食多餐。出生5日内的小仔犬应2~3小时喂乳一次，每次2~3毫升；生后6~10天的仔犬应每3~4小时喂乳一次，每次3~8毫升；生后10~15天的仔犬应每隔4~5小时喂乳一次，每次10~12毫升。仔犬未睁开眼时用乳瓶喂乳，睁开后可改用食盘。喂食量可随小仔犬的食量进行调整，逐渐增加喂量和浓度。仔犬的环境温度通常为30℃左右，随着日龄的增加，环境温度也应逐渐下降一些。如小仔犬未曾吃过初乳，则应在仔犬生后连用三次增加仔犬体质、抗病能力的药物，如免疫血清、免疫增加剂、丙种球蛋白、干扰素及转移因子等。

断乳前的管理

如果母狗一直在旁边，就很难让幼犬顺利离乳。所以，先把母狗移往别的地方，等幼犬醒过来想吸奶时，再喂它吃离乳食品。刚开始先一只一只抱过来，一点一点地喂，让它习惯母奶以外的食品。

30天大的幼犬步伐比较稳健，牙齿也长出来了，35天大左右先让它试着吃点坚硬的软狗粮，到了40天大以后，再一点一点给它吃未泡软的干狗粮。如果要亲自调配离乳食品，牛肉或鸡胸肉都是不错的选择，但处理肉类等生食要格外当心，以免狗狗拉肚子。从幼犬3周大开始尝试离乳食品时，一睡醒会想要上厕所，饲主可事先铺上宠物垫，让幼犬习惯这种触感，日后的入厕训练也会比较顺利。

断奶之后的狗仔，由原来依赖母乳生活过渡到自己完全独立生活，是其一生中重要的转折点。这一时期的饲养管理绝不能放松，要给予丰富的营养和精心的护理，以保证正常生长，减少和消除疾病的侵袭，育成健壮结实的狗仔。

吉娃娃犬常见疾病与防治

吉娃娃犬的饲养要诀是要给予它一个日光充足,通风良好,清洁卫生的生活环境,并且注意疾病的预防与治疗。

及时发现狗狗的异常情况

吉娃娃因为体型娇小，体力相对也比较差，比其他犬种更需要早期发现疾病与治疗。

步子是否正常 发现步子有些怪，有可能脚底扎进异物、受伤、趾缝间有跳蚤；或许有关节炎、佝偻病、骨头发育不良、骨折、脱臼。

食欲是否正常 无食欲且伴有明显消瘦则要引起注意。如果进食量不到平时的一半，老爱躺着不动，就要带它到医院检查。

饮水量是否正常 狗在散步后喝水较多，用以调节体温。如果没怎么活动而喝水很多，有可能吃了含盐过高的食物。此外，高烧、痢疾、糖尿病、肾病、尿崩症等都是狗大量饮水的原因。

身体是否有异味 口中发臭可能有牙石或口腔炎；耳朵发臭是因患外耳炎、中耳炎或耳溃疡；体毛发臭应考虑到皮肤炎症或肛门囊肿；生殖器官发臭是由于子宫炎症、生殖器溃疡及尿分泌异常等等原因。

通过观察粪便了解其健康状况

若狗的身体状况明显反常，应该首先观察它的大小便。如果食欲很不好，肠胃非常差，估计可能是因缺钙引起的；相反，如钙质摄入过多，则容易引起便秘。

如果尿的颜色很浓，也许是饮水太少或摄入盐分过多的缘故；如果出现粪便稀软、便血等现象，那就可能患了急性病。

如果狗突然显得没有食欲，可以先观察一下粪便和尿的情况，再测测体温。如果体温不高,粪便和尿也没什么异常,就可以喂少量容易消化的食物,再作进一步观察。

如果发烧,伴有腹泻或呕吐的话,就应该马上送它上医院,因为狗有几种病症状都差不多,所以不能轻易下结论。

根据症状了解狗狗的病情

根据一些常见症状,能及时发现爱犬的疾病,并及时进行治疗,可保证你的狗狗健康成长。

咳嗽 经常咳嗽说明狗的呼吸器官与支气管出现异常。如果感冒后不及时诊治,也可能引发支气管炎或肺炎。如果咳嗽严重,那极有可能是得了哮喘病。如果是异物吸入,咳嗽时会显得非常痛苦。当患有传染性支气管炎时也会咳嗽,请尽早向医生求治。

鼻子干燥 刚睡醒时狗鼻子发干是正常的,但是如果同时还发烧就要小心了。此外流鼻涕、出鼻血、鼻部肿大、鼻孔不通等症状也不应忽视。这些症状可能是因感冒引发的鼻炎,以及头部创伤、脓肿、溃疡、热性病症、缺乏维生素A、营养缺乏等原因引起的。

口内流涎 应检查是否患口腔炎,口腔是否被骨尖、木屑等异物刺伤,牙根颜色有否变化(如发白、发黄、过红、发黑等),有无其他外伤。

频繁呕吐 如果狗吐完后精神有所好转则无大碍;如果反复做出呕吐状,或浑身瘫软无力,就可能什么地方出问题了。可能的原因有:食道内异物堵塞、吞下塑料袋等无法消化的物品、肠梗阻症或肠扭绞、巴尔波氏病毒感染、钩端螺旋体病或其他内科疾病。此时主人应带上狗的呕吐物请医生诊治。

眼圈糊满眼屎 如果发现狗眼圈周围粘满眼屎,或者眼部肿胀等症状,应找医生咨询,绝对不能自作主张用人的眼药给狗治。

注意小狗的安全

吉娃娃犬因为身材迷你,常让人觉得即使让它在屋子里跑来跑去,也不会碍手碍脚,但是,它的头要是不小心撞到家具等坚硬物体那就糟了。或

注意保护囟门

囟门是吉娃娃与生俱来的特征,位置在头盖骨的正上方,大小及愈合时间,是随着头的大小及体质强弱而有所不同。幼犬易出现囟门较大,愈合时间较晚。当幼犬逐渐长大后,囟门会愈变愈小,有时在某些娃娃身上会完全消失掉。如果吉娃娃长大后仍未愈合时,并没有多大的关系,只需平日稍加留意,不要撞击这个部位即可。但如果囟门特别大时就需注意娃娃的健康是否有问题。

是它不小心从沙发或床上掉下来,都相当危险。万一骨折了,马上固定受伤部位紧急送医院。

如果被烫伤或灼伤,先用冷毛巾或冰袋冷敷伤口再送医院,饲主千万不要自作主张帮它擦药。再者,吉娃娃的鼻头短小怕热,注意别让它中暑。

准备好急救品以防意外

为了对狗进行健康管理,并考虑到发生意外情况的需要,急救箱里至少应配备以下用品。

消毒杀菌剂　如出现外伤,应用刺激性较弱的碘酒消毒。

耳药　清洁耳部时可使用硼酸软膏。

犬用营养剂　矿物营养剂、维生素E、复方维生素剂等。

体温表　应备置犬用体温计,如有兽医用的则更好。

剪子　顶部为圆形的更安全。

指甲钳、纱布、绷带、棉签、带子　套紧嘴巴时使用。

应根据爱犬的体质状况,和兽医商量后按处方购买常备药品,饲养者勿自作主张从药店购买。

掌握常见的急救处理方法

人工呼吸　当狗受伤倒地后应当立即观察有无呼吸,如果呼吸停止,可能来不及送医院抢救,应立即施行人工呼吸。如狗呼吸已经停止,应让狗侧向平躺,将舌头掏出后观察口内情况。如呕吐物堵住呼吸道时,可能造成呼吸困难,应清除干净。在确保呼吸道畅通后可进行人工呼吸。由于狗的肺位于肋骨下部,可拍打腹部1~2次,然后用手抓住后腿反复甩动10下左右,再把狗放下观察,如无反应,则重复上组动作。

止血 若属轻微出血,可用纱布或毛巾裹紧伤口止血。如果仍流血不止,则应用绷带扎紧伤口后再观察。如伤口较深,出血量多,就应在靠近心脏的部位实施止血。注意防止长时间大量出血,应尽早送动物医院急救。

外伤、骨折、脱臼的应急处理 如果腿部受伤,走路姿势一定不正常。这时应先给狗带上笼头后观察患部。如果未发现外伤但狗疼痛剧烈,估计可能出现骨折或脱臼。当伴有出血时应先进行止血,再用厚纸板或木片固定住患部后送往医院处理。

吉娃娃犬的常见疾病

水脑症 吉娃娃犬脑部有一称为脑室的微小缝隙,可囤积脑脊髓液,当脑脊髓液囤积太多压迫脑部引发的疾病,就叫作水脑症。患此疾的病犬有些会频频用头撞墙、走路晃来晃去,甚至眼睛看不见,但有些又完全没有任何症状。治疗方法:除了照X光或做电脑断层扫描,还可检查脑脊髓液,再用药物减少脑脊髓液或采用引流手术;若未出现症状就不必治疗。

湿性皮肤炎 分为急性与慢性。急性湿性皮肤炎会突发于炎热的季节,让狗狗背部、耳后、脖子、尾巴或大腿等部位的体毛脱落,皮肤红肿,出现带脓的湿性皮肤炎。体毛或皮肤不洁、蚤类寄生、胃肠功能不适,都是引起湿性皮肤炎的原因。至于慢性湿性皮肤炎主要是初期皮肤感染未完全治愈,进而演变为湿性皮肤炎。像吉娃娃这种皮肤特别敏感的犬种,更要当心。治疗方法:可使用消炎剂或抗过敏剂与抗生素治疗。但平日注重体毛的卫生与洁净,才是最好的预防之道。尤其是长毛种吉娃娃,一旦出现湿性皮肤炎就麻烦了。

传染性支气管炎 以犬只

副流行性感冒为主数种病毒混合感染气管,再遭细菌二次并合感染而引起的疾病。病犬持续出现剧烈咳嗽,最重时会发烧、呕吐或食欲不振,体力快速消耗,一旦引起并发症,月龄低的幼犬会出现死亡。此病常发生在密集饲养的繁殖场、宠物店或犬只聚集的公共场所。治疗方法:可服用止咳剂或吸入性药物镇咳,必要时可服用抗生素。但最好的预防方法还是时常保持犬舍、狗屋等周围环境的清洁,并预防犬只集体感染。

眼睑内翻 即眼睑先天性卷入眼睛内侧的毛病,这会使狗狗泪流不止引起结膜炎,甚至牵连角膜引发角膜炎。有些狗狗则是因为后天性的眼睑紧缩,或外伤疤痕,才引起眼睑内翻。治疗方法:先天性且症状轻微的话,等幼犬长大后大多可自然痊愈,严重的话要通过外科手术治疗。

肛门囊炎 在狗狗肛门内侧的左右两边各有一个小袋子,称为肛门囊。正常的话,囊中积留的恶臭分泌物会跟便便一起全部排出,但由于有些特殊原因,这些分泌物没有排出滞留于囊中的话,会引起细菌感染,分泌物变成脓汁。这时狗狗因为肛门膨胀发痒,会将屁股摩擦地面,久而久之肛门囊破裂出现脓血。治疗方法:先挤出肛门囊里的脓汁,再服用抗生素,或者是切除肛门囊。而饲主帮狗狗洗澡时,定期挤压肛门囊的腺液是最好的预防方法,只要做习惯了,一点都不难。

膝盖骨脱臼 当膝盖骨的腱膜出现先天性松弛,或是固定膝盖骨的夹沟太浅,一旦膝盖骨受到强大压迫而移位时,称之为膝盖骨脱臼。这时狗狗的后脚会弯曲而举步维艰。刚开始狗狗会觉得很痛,等习惯了就不觉得痛

了,而且脱臼的骨骼可以在某个姿势下自行回复,但可能又会再次脱臼。可以直接把脱臼的部位固定,让狗狗轻轻拖着脚走路,减少不适感。治疗方法:如出生1年内发现这个异常,可做矫正手术加以治疗。像膝关节遭强烈撞击,从高处掉落等意外事故引起的后天性脱臼,也要特别注意。

骨折 狗的骨折以病理性骨折和外伤性骨折为主。病理性骨折发生在有骨炎或骨病的骨组织，例如骨髓炎时。外伤性骨折以车祸、棍棒打击、硬物砸伤和人为踢伤多见，骨营养不良的狗更易发生。治疗方法：有内固定和外固定两种方法，或两种方法配合使用。骨折内固定多用于股骨、臂骨骨折，这两个部位骨周围的肌肉肥厚，不易打外固定夹板，以采用骨板和骨髓针固定为宜。前肢肘部以下、后肢膝部以下的非开放性骨折，可以采用竹板绷带、有机物夹板绷带和石膏绷带三种方式固定骨折端及其上下两个关节。

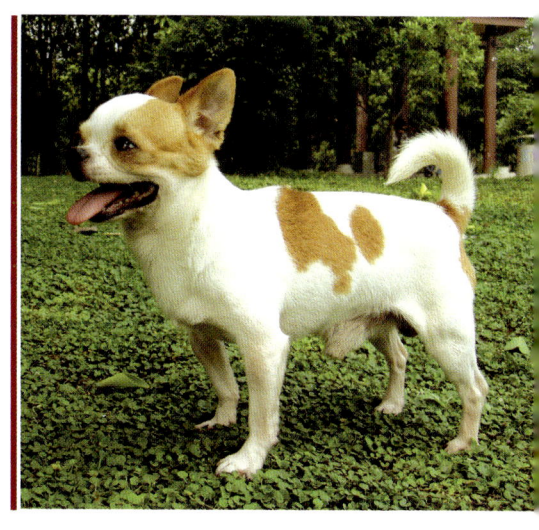

佝偻病 佝偻病是由于维生素D缺乏而使钙磷代谢紊乱，软骨骨化障碍，骨盐沉积不足的一种营养性骨病。临床上以发育迟缓、软骨肥厚和骨骺肿胀为特征。常见于1~3月龄幼狗。在母犬营养不良、光照不足以及断乳过早时，均可引起维生素D缺乏，从而影响钙的吸收和骨盐的沉积。长期只饲喂动物肝脏和肉，也是一个主要原因。食物中钙、磷不足或比例不当，也是佝偻病发生的原因。初期，食欲减退，消化不良，异嗜，逐渐消瘦，生长缓慢。以后表现为关节肿胀、变形，长骨弯曲，呈"X"或"O"型腿，肋骨与肋软骨结合部呈串珠状肿，发生跛行或卧地不起。严重时可造成腰椎凹陷，压迫直肠，造成便秘。治疗方法：增加户外活动，多晒太阳。食物中添加鱼肝油，3~7毫升/日，亦可皮下注射维生素D_3，10万~20万IU，或适当补充贝壳粉、石粉、蛋壳粉及钙片。

骨软骨病 骨软骨病是一种关节软骨和骺软骨软骨内骨化障碍的非炎性疾病。本病主要发生在快速生长期的狗（4~8月龄）。本病病因不清楚，可能与先天性因素有关，与生长过速肯定有关。骨软骨病有如下几种：①分离性骨软骨病：关节软骨异常增厚、龟裂，进而与软骨下骨分离，形成软骨瓣或游离软骨片。主要见于肩关节（臂骨头后缘）、肘关节（臂骨内髁)、膝关节(股骨内髁)和跗关节(距骨滑车)。②肘突不闭合:肘突骨化中心与尺骨近端干骺端久不闭合(骺生长板软骨不骨化),使肘关节不稳定,易继发肘关节的骨关节病;③尺骨冠状突分裂:尺骨冠状突分裂成数块而未与尺骨愈合,易诱发骨关节病;④骺生长板骨化迟滞:长骨的次级骨化中心如尺骨远端骨化中心的骺生长板骨化迟滞,造成与桡骨生长不同步,导致桡尺骨成角畸形或肘关节半脱位。治疗方法:多休息,少运动,疼痛严重时给予镇痛药对症治疗。关节内有软骨片、小骨片时须手术去除,成角畸形者可予以手术矫正。一般待成年后症状逐渐缓解,但常继发骨关节病,故功能完全恢复的可能性小。

低血糖症 这种症状,普遍存在于小型犬身上,通常是血液中的血糖浓度过低所致。最常发生在幼犬的阶段,有些吉娃娃,即使在成熟长大后也有这种情形发生,通常这类吉娃娃体质较弱,代谢能力较差,发作时活动力降低,有时会有失去知觉、流口水、抽搐等症状。若不及时处理,幼犬有可能会休克死亡。防治方法:若发现幼犬有这种症状时,应立即喂食含糖量较高之流质食品,如:蔗糖水、蜂蜜,或葡萄糖液 5~10 CC 等,并保持温暖,20 分钟后小狗应逐渐恢复正常,若无则需尽快就医。

北京斑比宝丽犬舍

优秀吉娃娃犬鉴赏

母犬：CANDY

养育者：罗文广
电话：13901388988　　E-mail：bkloh@public3.bta.net.cn

北京吉祥如意吉娃娃犬舍

优秀吉娃娃犬鉴赏

公犬：墨玉

种公：红宝

种公：波波

养育者：马万祥
地址：北京市宣武区
电话：13701130663
http://www.aigou.com/blog/mawanxiang88/index.html
QQ:253691973

北京宝儿精品吉娃娃犬舍

优秀吉娃娃犬鉴赏

种公：酷儿

种母：MARY

种母：多福

种母群

种母：弯弯

种母：宝儿

养育者：刘芳
地址：北京市顺义区苏庄村
电话：13801000809
http://www.aigou.com/blog/Baoer630630
http://shop1027.taobao.com/
QQ:324011943

成都宝仔屋宠物美容学校

优秀吉娃娃犬鉴赏

图片提供:成都宝仔屋宠物美容学校
电话:(028)87486646
邮箱:cdpet@163.com
http://www.topgroomer.com